科技资源配置对技术创新能力的影响研究

周琼琼 华青松 ○ 著

西南交通大学出版社
·成都·

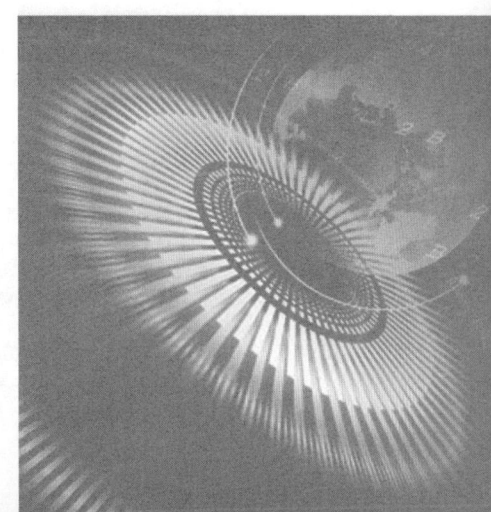

图书在版编目（CIP）数据

科技资源配置对技术创新能力的影响研究 / 周琼琼，华青松著. —成都：西南交通大学出版社，2017.7
ISBN 978-7-5643-5561-6

Ⅰ. ①科… Ⅱ. ①周… ②华… Ⅲ. ①科学技术 – 资源配置 – 影响 – 技术革新 – 研究 – 中国 Ⅳ. ①G322 ②F124.3

中国版本图书馆 CIP 数据核字（2017）第 161919 号

科技资源配置对技术创新能力的影响研究	周琼琼 华青松	著	责任编辑 李晓辉 特邀编辑 刘　婉 封面设计 何东琳设计工作室

印张	14	字数	229千	出版发行	西南交通大学出版社

成品尺寸　170 mm×230 mm
网址　http://www.xnjdcbs.com
版次　2017年7月第1版
地址　四川省成都市二环路北一段111号
　　　西南交通大学创新大厦21楼
印次　2017年7月第1次
邮政编码　610031
印刷　四川煤田地质制图印刷厂
发行部电话　028-87600564　028-87600533
书号　ISBN 978-7-5643-5561-6
定价　58.00元

课件咨询电话：028-87600533
图书如有印装质量问题　本社负责退换
版权所有　盗版必究　举报电话：028-87600562

前　言

　　创新基地在经济发展"新常态"背景下，对我国实施创新驱动发展战略具有重要的基础性支撑作用。加强科技资源优化配置和科技成果转化，是提高我国创新基地建设水平、提升科技核心竞争力的根本途径和有效手段。当前，我国科技资源利用率低下，科技成果研究开发体制存在缺陷，自主创新能力不强，科技成果转化效率不高，这些都是制约我国技术创新能力提升的瓶颈。技术创新能力的提高，一方面有赖于发挥现有创新基地的基础性支撑作用，另一方面也对创新基地的优化配置提出了更高要求，即创新基地的建设与完善应围绕如何增强技术创新能力和竞争力来展开。然而，目前已有的对于科技资源配置与技术创新能力关系研究文献主要基于传统宏观层面和理论层面的剖析，还没有形成完整的理论体系，国内外对于这方面的实证分析研究较少，特别是针对以创新基地这一重要科技创新载体为对象的实证分析还没有。同时，虽然国内外学者关于政府和市场在科技资源配置与技术创新中的作用研究较多，但大多还停留在对于国家政策精神的研究层面，且较少从理论和实证角度，对政府和市场到底如何影响了科技资源配置，在科技资源配置和提高技术创新能力过程中到底发挥了什么作用进行深入研究。

　　基于此，本书研究立足于战略管理、经济学和公共管理科学中关于科技资源配置和技术创新的已有研究，以创新基地作为主要研究对象，详细阐述了"科技资源配置如何影响技术创新能力提升"这一核心问题。

具体来说，本研究提出了创新基地的科技资源配置对技术创新能力的直接影响模型和间接影响模型，从动态能力角度，深入剖析了科技资源对技术创新能力的作用机制和过程；深入剖析了创新基地的科技成果转化在科技资源与技术创新能力影响关系中的中介效果，以及政府市场在这些过程中所发挥的不同作用。本书主要在以下方面展开了相关研究工作：（1）理论发展和文献综述。通过对资源基础理论、动态能力理论、政府失灵理论、市场失灵理论和国内外文献研究，发现已有研究的不足和启示，形成本书的理论研究框架和论证基础。（2）介绍我国创新基地建设现状，详细阐述了我国科技创新基地的主要载体及其建设成效，并选取国家工程技术研究中心的典型案例进行探索分析，为模型构建和实证分析奠定了研究基础。（3）基于过程，研究提出了创新基地的科技资源配置对技术创新能力的直接影响模型和间接影响模型，对影响模型中的解释变量、被解释变量、中介变量和调节变量进行了详细阐述和测量指标说明。以科技资源配置对技术创新能力的直接影响模型为基础，提出论证假设条件，探索科技资源配置促进技术创新能力的内在机理；探讨政府和市场对科技资源配置对技术创新能力影响关系的调节作用，并进行了实证验证。（4）研究科技成果转化在创新基地的科技资源配置对技术创新能力影响关系中的重要中介作用，以及影响科技成果转化的关键要素，并通过实证分析对此进行了验证。深入分析了政府和市场在技术转移和科技成果转化阶段，对技术创新能力关系的调节作用，并通过实证检验得出结论，进一步通过探讨深层次原因，提出相关政策建议。

文章的创新点在于：

1. 基于资源配置理论，给出了创新基地的科技资源配置的过程模型。

验证了创新基地的科技资源配置对技术创新能力具有正向影响作用

的关键要素和路径。通过对国家工程技术研究中心的实证分析，验证了科技资源中的各配置要素，即人力资源、财力资源、物力资源和信息资源与技术创新能力之间的相关性和作用路径，提出创新基地的各类创新主体只有通过获取创新所需的各类科技资源，才能持续为技术创新提供有效支撑，从而提高技术创新能力。

2. 根据科技成果转化的不同阶段，建立了创新基地的科技资源配置对技术创新能力间接影响模型。

通过实证分析，验证了创新基地的科技成果转化在科技资源对技术创新能力的影响路径中具有显著的中介效应，提出加速科技成果转化是优化科技资源配置、提高技术创新能力的重要手段。通过科技成果转化，创新基地的科技资源可以实现对技术创新能力的间接影响。

3. 提出了政府和市场在科技资源对创新基地的技术创新能力的直接影响模型和间接影响模型的作用机制。

根据实证分析结果，验证了政府和市场在创新基地的科技资源对技术创新能力提升过程中的影响关系，对比分析了政府和市场的调节作用的差异。通过研究分析，得出在科技成果转化阶段，市场在调控创新基地的科技资源与技术创新能力之间的关系中更具有效性。以往政府失灵理论和市场失灵理论较多以企业为研究对象，本书围绕我国创新基地建设，在如何处理好政府和市场的关系方面进行了一定的拓展。

本书是作者几年来的初步研究成果，感谢西南交通大学和青岛大学的恩师、学者的大力支持，感谢一起挥洒汗水、锐意付出的青春岁月。限于水平，或许有疏漏之处，恳请广大读者予以斧正。

作　者

二〇一七年三月

目 录

1 绪 论 ·· 001
　1.1 研究背景与意义 ·· 001
　1.2 研究主要内容 ·· 012
　1.3 技术路线和创新点 ·· 019
　1.4 本章小结 ·· 020

2 理论研究与文献综述 ··· 021
　2.1 理论基础 ·· 021
　2.2 国内外文献研究综述 ·· 039
　2.3 已有研究启示 ·· 052
　2.4 本章小结 ·· 054

3 国内外创新基地建设现状 ·· 055
　3.1 主要发达国家创新基地建设经验 ······························ 055
　3.2 我国创新基地建设情况 ·· 057
　3.3 样本选择和数据处理 ·· 065
　3.4 案例分析 ·· 068
　3.5 本章小结 ·· 073

4 模型构建与变量选择 ··· 074
　4.1 模型构建与系统分析 ·· 074
　4.2 解释变量 ·· 082
　4.3 被解释变量——技术创新能力 ·································· 089
　4.4 中介变量——科技成果转化 ····································· 101
　4.5 调节变量——政府和市场 ··· 102

4.6 控制变量……103
　　4.7 本章小结……105
5 科技资源配置对技术创新能力的直接影响模型……106
　　5.1 科技资源对技术创新能力的影响……106
　　5.2 政府的调节作用……111
　　5.3 市场的调节作用……118
　　5.4 本章小结……125
6 科技资源配置对技术创新能力的间接影响模型……126
　　6.1 科技成果转化过程和阶段划分……126
　　6.2 模型构建和假设条件……128
　　6.3 实证分析……130
　　6.4 主要结论与分析……134
　　6.5 本章小结……138
7 政府和市场在科技成果转化阶段的调节作用……139
　　7.1 国家工程中心科技成果转化阶段和途径……139
　　7.2 政府在科技成果转化不同阶段的调节作用……146
　　7.3 市场在科技成果转化不同阶段的调节作用……162
　　7.4 本章小结……175
8 总结与展望……176
　　8.1 主要结论……176
　　8.2 政策建议……180
　　8.3 不足之处……184
　　8.4 研究展望……184
附录：国家工程技术研究中心调查问卷……186
参考文献……195
后　　记……215

1 绪 论

1.1 研究背景与意义

1.1.1 研究背景

1. 我国进入实施创新驱动发展战略的关键时期

科技是国家强盛之基,创新是民族进步之魂。自古以来,科学技术就以一种不可逆转、不可抗拒的力量推动着人类社会向前发展。16世纪以来,世界发生了多次科技革命,每一次都深刻影响了世界力量格局。从某种意义上说,科技实力决定着世界政治经济力量对比的变化,也决定着各国各民族的前途命运。党的十八大以来,党中央高度重视科技进步和创新,强调科技创新是提高社会生产力和综合国力的战略支撑,必须摆在国家发展全局的核心位置。习近平总书记指出:"实施创新驱动发展战略刻不容缓,必须紧紧抓住科技创新这个'牛鼻子',切实营造实施创新驱动发展战略的体制机制和良好环境,加快形成我国发展新动源。"李克强总理等国家领导人也多次要求加快完善创新驱动发展战略的顶层设计,优化科技资源配置;推进以科技创新为核心的全面创新,大力培育新的增长点;以协同、开放、普惠、法治为导向,促进创新生态环境全面改善。创新驱动发展既是破解我国经济发展困境的必然要求,更是为长远发展打造持续动力的根本之道,是我国当前和未来经济社会发展必须长久坚持的战略。实施创新驱动发展战略是强国所需、大势所趋、形势所迫。

我国正处于建设创新型国家的决定性阶段。面对世界科技革命和产业变革历史性的交汇,抢占未来制高点的竞争日趋激烈的形势;面对国内资源环境约束加剧,要素成本上升,结构性矛盾日益突出的挑战,主要依靠要素投入驱动的传统增长模式已难以为继,必须更多依靠科技创新引领，支撑经济发展和社会进步。实施自主创新战略、创新驱动发展战略，建设创新型国家，促使全社会的创新活动形成新高潮。在国家加大对科技投入的同时，企业对科技投入的增加更加显著，正在成为技术创新的主体，需要政府提供公益性、低成本的条件支撑和技术服务的需求更加迫切。新形势下，全社会的科技创新活动迫切需要更高水平、更具体系化的国家创新基地建设。

2. 国家创新基地建设是国家创新体系建设的重要组成部分

国家科技创新体系主要由创新主体、创新基础设施、创新资源、创新环境、外界互动等要素组成。《国家中长期科学和技术发展规划纲要（2006—2020年）》中指出："国家科技创新体系是以政府为主导，充分发挥市场配置资源的基础性作用，各类科技创新主体是紧密联系和有效互动的社会系统。"国家创新体系是一个多主体、多要素、多层次创新网络协同演化的体系，我国当前的创新体系整体形态由以科研院所和高校为核心的研发体系向以企业为核心的国家创新体系演进，科技创新进入"领跑、并行、跟跑"并存阶段，资源配置结构有待深度匹配调整，创新网络初步构建，创新主体的互动呈现局部活跃、单极加强的特点，制度环境不断优化，制度建设开始进入强调协同、普惠、规范的系统设计阶段。国家创新体系的完善过程中，不仅要持续加强各类创新主体的能力建设，也要通过市场机制在主体互动的权责、利益分配等方面健全制度，提高创新要素快速、低成本的集成能力。

2015年1月，国务院发布的《关于深化中央财政科技计划（专项、基金等）管理改革的方案》中首次提出"基地和人才专项"，这是与国家自然科学基金、国家科技重大专项、国家重点研发计划、技术创新引导专项（基金）并列的第五大类科技计划。2015年9月国务院发布《深化科技体制改革实施方案》，提出"对现有科技计划（专项、基金等）进行优化整合，按照国家自然科学基金、国家科技重大专项、国家重点研发计划、技术创新引导专项（基金）、基地和人才专项等五类科技计划重构国家科技计划布局，实行分类管理、分类支持"。可见，我国政府对于支持科技创新基地建设和能力提升、促进科技资源开放共享的决心。

创新基地是科技创新的物质基础，关系到我国未来经济社会和科技发展的重大任务。作为科技持续发展能力的重要前提和根本保障，创新基地建设一直受到各国政府部门、科技界和产业界的高度关注。可以说，创新基地的发展成效集中反映了各个国家在科技资源配置方面的能力和发展眼光，创新基地的发展历程与国家创新体系建设、实施创新驱动发展战略密不可分。

创新基地建设能够满足当前科技支撑经济社会发展的新形势要求。我国经济社会发展进入了必须更多依靠科技创新引领和支撑的新阶段，科学技术解决经济社会发展重大问题的支撑引领作用日益显著，基础研究、技术创新和产业化的联系日益紧密，转化周期明显缩短。在全球面临能源、资源和环境问题，出现金融危机之后，世界各国更加重视依靠科技创新促进发展。中国作为新兴崛起的发展中大国，工业化、信息化、城镇化和农业现代化发展与自然资源供给能力和生态环境承担能力之间的矛盾突出。随着经济社会发展逐步深入，国际竞争格局不断变化，涌现出大量新的国家重大需求，如创新驱动发展战略下的产业升级、结构调整和战略新兴产业发展问题；国家安全战略下的外太空、航天、陆基、海洋和信息安全、粮食安全、国防安全问题；非传统安全威胁下的核生化问题和城市公共安全问题；民生需求下的环境污染问题和公共健康问题等。国家经济社会发展的新需求，对创新基地建设及共享机制建立提出新的机遇和挑战，国家重大科技专项和重大工程实施、产业重大共性关键技术攻关、传统产业升级优化、战略性新兴产业培育与发展、现代农业、人口健康、环境治理、防灾减灾、公共安全等社会发展和民生问题的解决需要布局合理、实力雄厚、运行高效的创新基地来支撑和保障。

创新基地建设能够解决制约技术创新能力持续提升的瓶颈问题。改革开放以来，我国依靠投资驱动和低成本优势创造了经济繁荣，但随着资源环境矛盾日益突出、劳动力成本上升等问题的出现，我国传统发展模式已经走到尽头，必须真正提高创新能力。当前我国的一些主要创新基地建设基础不强，创新能力不足，成果转化率不高，大部分还停留在追踪国际相关领域前沿科技成果的阶段，尚未发挥核心与引领作用。另外，由于对创新基地的评价、投入、调控和约束等多方面的管理问题，一些创新基地应有的公益性、公共性发生漂移，公共科技能力下降，资源配置效率不高。我国创新基地的发展，与配合实施创新驱动发展战略的要求相比仍有差距；与科技发展前沿的创新引领需求相比仍有差距；与科技创新资源的规模效应需求相比仍有差距；与资源优化配置的管理需求相比仍有差距；与创新体系的创新扩散需求相比仍有差距。

创新基地建设能够优化科技资源配置，提高科技资源使用效率。2014年12月31日，《关于国务院关于国家重大科研基础设施和大型科研仪器向社会开放共享的意见》，提出强化科技资源开放共享，提高利用效率；2014年3月3日国务院发布了《关于改进加强中央财政科研项目和资金管理的若干意见》，2014年12月3日国务院发布了《关于深化中央财政科技计划（专项、基金）等管理改革的方案》，提出优化科技计划（专项、基金等）布局，设立基地和人才专项。创新基地拥有丰富的国家科技资源和科研基础设施，同时作为科研项目和人才汇集的创新载体，能够贯彻落实好上述国务院文件的相关要求。创新基地科技资源的优化配置能够在很大程度上为我国科技资源优化配置，进一步完善科研项目和经费管理，探索出一条新路。

3. 我国创新基地建设面临新的形势需求

我国正处于实施创新驱动发展战略、建设创新型国家的关键时期，处于深化改革开放、加快转变经济增长方式的攻坚时期，我国科技水平与发达国家还存在较大差距，在创新基地建设方面的差距显著，难以适应科学技术迅猛发展的要求，成为制约我国科技发展、进一步提高国际竞争力的瓶颈之一，因而必须加快发展步伐。

从创新基地建设的国际发展趋势来看，一流的科研需要现代化的研发设施，有了世界级的研发设施才有可能出世界级的研究成果和科技人才。当前，现代科研手段、工具不断兴起，尤其是科学计算能力、实验技术手段的巨大进步，使得一些复杂科学问题突破更加易于实现，科研效率极大提高。计算机技术与科学工程领域有机结合，实现各领域海量数据的获取、存储、管理、深度分析和可视化展现，成为未来科学研究的一大特点。网络和信息技术等新技术手段的运用，提供了强大的工具和平台，使基础研究呈现出网络化、智能化的新特征，e-Science、云计算、大数据等为科学研究提供了一种全新的思维与科研模式。科研方法、手段、工具的创新，世界一流的基础研究设施，成为未来抢占科学前沿位置的必要条件。美国竞争力委员会认为，今后几年内美国需要花110亿美元来新建和更新研发设施。日本政府把完善科技基础设施和条件作为"科技体系改革"的重要内容，通过国会特别拨款以及补助预算等方式，大规模地投资改善国有研究机构的设施、实验条件和人才结构。欧洲素来重视设施设备建设，欧盟提出要建立欧洲最高水平的配套研发基础设施，并促使其得到最佳利用。加强一流创新基地建设已成为主要发达国家政府最具优先权的任务。

从提升国家科技基础能力和国际科技竞争力的需求看，随着世界多极化、经济全球化趋势深入发展，科技保持快速发展态势，学科交叉和技术融合加快，创新要素和创新资源流动加速，网络和信息技术加速渗透和深度应用，加快促进跨地域的科技资源交流、汇集与共享，科技创新孕育新的突破。世界主要发达国家和新兴工业化国家纷纷强化创新战略部署，在不断加大科技投入的同时，积极推进科技资源开放共享，增强创新基地效能。科技资源整合与开发利用能力已经成为影响一个国家科技进步和创新能力的重要因素。美国、德国等国家充分认识到科学研究越来越依赖于先进的观测、实验设施和计算能力，纷纷加强国家科研基地和条件保障能力建设，重点部署和支持以国家实验室为代表的学科交叉、综合集成的大型科学研究实验设施和科研基地，作为提升国家整体创新能力、抢占科技竞争制高点的重大战略选择。

从服务实施创新驱动发展战略的需求看，重大科学前沿、国家重大战略需求、面向产业的共性关键技术研发需求（传统产业升级、新兴产业培育）为全社会创新活动提供高水平的平台和高质量的服务，提高全社会创新的效率。创新基地建设是国家创新体系建设的重要基础工程，为增强自主创新能力，促进研发和成果转化提供有力支撑。国家研究实验和共性技术研发基地，重大科技基础设施与大型科学仪器设备共享平台，科技资源与科学数据共享平台，标准、计量、检测技术平台等组成的国家科技基础条件平台体系不仅为基础性、战略性、前沿性研究和重大关键共性技术攻关提供技术支撑手段，还为全社会的科技创新活动提供技术支撑和服务，促进面向全社会的科技资源和科学数据的开放共享，成为推动科技发展和创新人才培养，带动高新技术及其产业化的重要载体。

从有效整合科技资源和提高科技资源利用效率的需求来看，近年来，我国财政科技投入不断加大，科技资源规模增长较快。但在现行管理体制下，科技资源"分散投入、各自为战、重复建设、效率低下"的问题尚未从根本上得到解决。建立和完善创新基地的科技资源共享机制，整合全国范围优质科技资源对外开放共享，可以有效提高科技资源使用效率，避免重复投入建设，优化科技资源配置，有效降低全社会的创新创业成本和风险，大幅度节约财政资金及社会投入成本，提高财政和全社会的资金使用效益。

从深化科技体制与管理改革的需求来看，近年来，我国科研院所改革取得了很大进展。但在宏观层面上，包括科技创新活动的组织、科技资源的配置以及创新制度的建立等方面，尚缺乏有效的宏观调控及战略协同机制。长期以来，部门分割和相互封闭，不仅造成重复建设和严重浪费，而且导致有限资源难以实现系统集成，体现国家战略的许多重大科技需求也难以得到有效满足。加强创新基地建设，对国家科技资源进行统筹规划，合理布局及整合，有助于打破现行的各种行政壁垒。同时，科技基础条件资源大多属于公共物品，集中体现了国家意志和社会公众的公益需求，其建设和管理工作具有长期性、稳定性、连续性等特点。国家财政加大力度建设以支持科技创新和新知识运用为目的的创新基地，也是各级政府部门转变职能，加强宏观管理和公共服务的体现。

4. 优化科技资源配置已经成为提升我国创新能力的战略路径

随着全球化进程的加快，科技资源通过技术创业、技术并购、技术许可等途径在世界范围内加速流动和活跃。科技资源是支撑科技创新的物质基础，实施创新驱动发展战略要求进一步增强科技资源的支撑保障能力。为了提升自身的科技创新能力，世界各国都把科技资源的建立和合理配置提升到国家战略，建设一流的创新基地和创新平台已经成为各国政府支持创新活动的有限选择。科技全球化广度和深度不断拓展和加深，研发的全球组织方式不断丰富，技术、知识、信息、资本、人才等科技创新资源在全球范围加速配置，成为世界各国竞相争夺的战略资源。如美国出台新的移民改革法案，针对优秀外国人才每年给予12万份签证，每年增长5%，并增加技术工人的移民名额；欧盟建立了蓝卡制度，以吸引亚、非、拉的高层次技术人才；法国出台新老员工技能传承补贴计划；英国创建新的高等学徒制度评价体系，大力发展大学技术学院，强化高技能人才培养；巴西退出"科学无疆界计划"，拟资助十万巴西大学生到国外学习。资金的争夺更加激烈，美国政府倡导"选择美国"等计划，鼓励资金回流；发展中国家加大引资力度，新兴经济体成为全球直接投资的重要选择。各国加强对世界范围内专利的收购，美国高智公司成为世界"专利海盗",大量收购各国专利和其他知识产权;韩国、法国也设立了专门的专利收购机构,帮助本国企业获得更多专利,进一步强化本国企业的技术领先地位。加强科技资源优化配置是新时期实施创新驱动发展战略、深化科技体制改革、转变政府职能、加快完善与创新发展相适应的体会机制和生产关系的重要举措。如何认识科技资源配置的边际效应、加强科技资源配置、优化科技资源布局、提高科技资源配置对科技创新的支撑保障能力,是当前实施创新驱动发展战略中亟待解决的关键问题。

创新资源配置主体和方式多元化,需要更加多元、协同的科技资源配置模式。在技术经济范式的演化过程中,政府始终发挥着重要的角色。近年来,我国财政对于科技的投入大幅增强,科技资源规模增长快,科技资源的质量也得到大幅度提升,科技资源配置的主体日趋多元化,不仅涉及传统的来自政府部门的财政科技投入,来自企业、研究机构的科技资源也大幅度增加。从资源配置方式来看,除了直接研发支持外,后补助、创新券、科技信贷等新的资源配置方式也更加广泛地被采用。在各类组织范围内部,科技资源配置虽然具有合理性,但就科技资源配置的整体而言,仍然存在着重复投入、低水平的重复购置和建设等现象。为了提高科技资源的使用效率,需要更加强调多方主体的参与性、合作性,最大限度地调动社会各方面参与科技创新治理的积极性。企业、高校、科研机构等科技创新主体作为自觉参与者,要按照市场机制提出科技问题,参与科技决策,开展科技活动,享受科技创新成果,在科技创新的全链条中发挥主导作用,厘清自身定位,做到不迷惑、不犹豫。

政府作为公共科技领域的主要投资者和决策者,在科技创新治理中需要充分发挥在引导、动员和激励方面的优势。通过加强在战略规划、政策法规、标准规范和监督指导等方面的职责,提高公共科技服务水平,以营造创新导向的制度环境,做到不越位、不缺位。此外,政府和市场已经成为影响创新过程的两个重要力量,在我国,政府对科技资源具有强大的配置力,政府力量的滥用会对市场环境的规则造成极大的损伤。金融危机引至全球经济衰退的背景下,政府和市场的关系再一次成为各方关注的焦点。2013年发布的《中共中央关于全面深化改革若干重大问题的决定》(以下简称《决定》),指出:"经济体制改革是全面深化改革的重点,核心问题是处理好政府和市场的关系,使市场在资源配置中起决定性作用和更好发挥政府作用。"这意味着市场和政府在资源配置中的作用发生了重大转变。《决定》是党中央、国务院对中国特色社会主义建设规律认识的新突破,标志着社会主义市场经济发展进入了新的发展时期。在我国计划经济时代,社会的资源配置完全服从于政府的计划分配,科技资源也不例外,是完全意义上的公共资源,不具备商品属性。对于科技资源的完全意义上的分配,导致了科技与经济严重缺接,一方面资源紧缺,另一方面又重复购置,浪费现象严重。改革开放以来,我国经济体制改革始终是围绕着如何正确认识与处理政府和市场的关系这一命题而逐渐展开的。如何处理好在科技资源配置过程中政府和市场的关系,是关系到创新基地技术创新能力的关键,也是调整科技资源配置结构、提高科技资源使用效率的重要内容。因此,找准政府定位,处理好政府和市场的关系,研究分析政府和市场在科技资源配置中的调节作用,将有利于解决科技体制改革中的深层次问题。

1.1.2 研究意义

虽然近年来我国科技体制改革取得了很大进展,但在创新基地建设方面还存在一些问题:

1. 创新基地发展中存在系统封闭问题,影响创新成果扩散

国家创新体系理论认为,单个创新主体的强势并不能确保整个创新系统有足够高的创新效率,只有当各主体产生广泛的关联和互动时,才能保证系统的创新效率。创新基地作为国家创新体系中的重要组织,是国家长期持续投入的对象,因此更要强调开放性和公益性,既要通过开放式创新提升能力,也要对其他创新主体进行技术扩散以实现公益性。我国的各类创新基地依然相对封闭发展,彼此之间缺乏有效衔接,知识流动、人员流动和成果转化不足。如国家重点实验室的流动人员的比例在25%,且主要是在读研究生,面向外单位的客座研究岗位较少,流动人员中国外人员不到15%(相关数据来自于国家重点实验室年报)。

2. 创新扩散能力弱化的问题,直观地体现在论文和专利的数量对比上

我国基础研究产出已有大幅度飞跃,具备一定的国际影响力,但与

发达国家的产业化阶段的差距却非常大。如2008年我国科技论文数达到47.2万篇，居于世界第二位，其中SCI收录的占全球的9.8%。《2008年WIPO专利报告》显示，我国居民拥有的有效发明专利仅占全球的1.2~1.5%，与论文在全球的比例反差较大。政府引导设立了很多科技企业孵化器、生产力促进中心和产业化示范基地，制定了多种专项资金和财税优惠政策以促进科技成果转化和高新技术产业发展，但是产业创新能力薄弱的问题并没有得以根本解决。

3. 创新基地的创新资源缺乏集成，尚未形成有效的协同创新机制

在当前大科学研究与综合性的创新更需要规模化、集团化组织实施的前提下，资源集聚显得尤为重要。我国现有的创新基地尤其是研发类创新基地，主要是靠选择优势学科或细分行业建立起来的，依托于某个院系的实验室或某个研发中心，强调的是"专""精""细"，导致这些创新基地普遍存在体量小、学科单一、综合度低等问题，致使科技创新缺乏知识的规模效应。如重点实验室、工程中心等研究人员平均不到100人，有的只有10多名专职人员，严重制约了科技成果的产出规模和创新扩散能力。部分创新基地还不能独立承担一些需要跨学科、跨行业、跨领域组织的综合性的重大科研任务。如我国轴承行业，涉及摩擦学、应力、载荷、材料、热处理等基础研究和工程理论。设立在瓦房店轴承集团的国家大型轴承工程技术研究中心集成了内部四个研发平台，具有一定的产品开发能力，但其应用基础研究能力不足，需要联合大学、科研院所等相关机构开展应用基础研究及产业共性技术研发，解决制约行业产品技术水平的基础问题。轴承尚属装备制造领域的一个小行业，对于汽车、飞机、造船等技术更复杂，系统集成度更高，产业链更长的主导产业来说，靠某单一学科或细分行业的实验室或工程中心更不可能组织承担起产业技术创新的重担。

4. 创新基地管理上存在资源分散和多头管理等问题，缺乏统筹协调机制

一段时期以来，各部门对创新基地的分别建设、分散管理格局，使得创新基地在整体上缺乏系统设计和统一规划。如在基础研究及应用研究领域，各部门均建有自己的重点实验室；工程技术领域，有国家工程技术研究中心、国家工程研究中心、国家工程实验室等。多个部门分头建设同一类型的创新基地,使得有限的科技资源相对分散,一方面导致部分创新基地创新能力弱化、协调成本加大;另一方面因为部门利益关系,造成创新基地在评价、投入、调控和约束等多方面存在管理协调难的问题,本应有的公益性、公共性发生漂移,公共科技能力下降,资源配置效率不高。

5. 科技资源配置不合理,效率低

宏观层面上,包括科技创新活动的组织、科技资源的配置以及创新制度的建立等方面,缺乏有效的宏观调控及战略协同机制。长期以来,部门分割和相互封闭,不仅造成重复建设和严重浪费的现象,而且导致有限资源难以实现系统集成,体现国家战略的许多重大科技需求也难以得到有效满足。加强国家创新基地建设,对国家科技资源进行统筹规划、合理布局及整合,有助于打破现行的各种行政壁垒。同时,创新基地所拥有的科技资源也具有一部分公共物品属性,集中体现了国家意志和社会公众的公益需求,其建设和管理工作具有长期性、稳定性、连续性等特点。国家财政加大力度建设以支持科技创新和新知识运用为目的创新基地,也是各级政府部门转变职能,加强宏观管理和公共服务的体现。

综上可见,加强创新基地建设具有十分重要的现实意义:

1. 提高我国科技国际竞争力的必要前提

当今国与国之间的竞争,越来越取决于科技资源的开发和利用能力。创新基地建设是一个国家科技创新发展所必须具备的物质基础,是实现科技进步的基本保障,也是抢占战略制高点、提高国家科技竞争力的关键因素之一。有关研究表明,现在世界上三分之二的重大科学发现和技术发明,都与科学仪器设备的研制及相关技术方法的发展直接相关。目前,科技资源开放共享平台与科研条件建设方面的差距造成我国科学技术水平与发达国家存在较大距离,同时成为制约科技发展、增强我国自主创新能力的瓶颈之一。因此,必须加强创新基地的科技资源条件保障能力建设。

2. 完善国家创新体系建设的重大战略性工程

创新基地是国家创新体系建设中的一项战略性基础工程,为增强自主创新能力、促进研发和成果转化活动提供有力支撑。例如国家科技基础条件平台中的研究实验与观测支撑体系、大型科学设施、计量基(标)准系统等不仅为基础研究、战略高技术研究和重要公益性研究提供技术支持手段,而且其建造和运行往往能够带动高新技术及其产业化的发展,又是进行原始性创新和创新人才培养的重要载体。正如同经济基础设施对于提高国家经济综合实力具有重要性一样,创新基地建设对于增强我国科技总体实力、实现我国科技发展战略同样是必不可少的基本保障,将为我国科技界创造一个良好的科研环境,实现我国科研支撑的系统优化、科技资源的高效配置,而且将有助于形成一个结构合理、机制灵活、具有持续创新能力的国家创新体系,促进我国自主创新能力的提升。

3. 提高国家综合实力和国际竞争力的重要基础

创新基地是实施创新驱动发展战略所必须具备的物质基础,是国家综合实力的重要标志,是实现科技进步的基本保障,是抢占战略制高点、提高国际竞争力的重要阵地。当今,主要发达国家在加大科技投入的同时,积极推进科技资源开放共享,提高科技资源整合与开发利用能力。我国在科技资源开放共享利用方面与主要发达国家的差距较大,强调创新基地建设是事关我国综合实力和国际竞争力提高的一项重大的战略性工程。

4. 确保科技能力持续积累和科技资源高效利用的客观要求

任何原始性创新都是厚积薄发的结果,是后人站在前人的基础上继续攀登高峰的结果。一方面,研究成果的积累、经验教训的总结和研究数据的开放,是后来者继续研究创新的基础,也是避免科研领域重复立项、重复研究的重要措施。另一方面,一些暂时尚得不到公认的创新活动,也要求充分共享和使用科技资源,使创新活动得到及时有效的支持。加强创新基地科技资源建设,不仅对当代的科技发展具有重要的支撑作用,而且有利于知识财富和科技资产的不断积累,这种支撑和积累必定会对我国在未来国际竞争中的实力和地位产生深远影响。

5. 实施创新驱动发展战略的重要载体和保障

创新基地建设是实施创新驱动发展战略所必须具备的条件基础,是国家综合实力的重要标志,是实现科技进步的基本保障。全社会科技创新需要高水平、体系化的创新基地的保障支撑。当前,我国正处于建设创新型国家的决定性阶段,实施自主创新战略、创新驱动发展战略,建设创新型国家，能促使全社会的创新活动形成新高潮。在国家加大对科技投入力度的同时，企业也显著增加研发投入，正在成为技术创新的主体，对政府提供公益性、低成本的科技平台支撑和技术服务的需求更加迫切。全社会的科技创新活动迫切需要更高水平、体系化的创新基地的条件支撑。

同时，加强创新基地建设，改善科研条件和环境，能够为广大科研工作者特别是青年人才提供高水平的创新条件和公平的竞争机会，为优秀科技人才不断涌现和充分发挥作用提供强有力支撑。加强创新基地建设，推进制度创新，建立科技资源共享机制，可形成有利于科技人才发展的宽松环境。因此，加强创新基地建设可增强我国在科技人才方面的竞争力，可有效吸引、培养、凝聚优秀科技人才，为科技进步、经济和社会发展提供充足而有力的人才保障，意义十分深远。实践证明，创新基地还可吸引和培养科技人才，特别是为青年科技工作者提供与顶尖科学家和工程师一道工作的机会；在培养研究人才的同时，也为科研条件的建设和运行培养重要技术支撑与管理人才。

6. 深化科技体制改革和完善科技宏观管理的有效举措

近年来，我国科研院所改革取得了很大进展。但在宏观层面上，包括科技创新活动的组织、科技资源的配置以及创新制度的建立等方面，我们还缺乏有效的宏观调控及战略协同机制。长期以来，部门分割和相互封闭，不仅造成了重复建设和严重浪费的现象，而且导致有限资源难以实现系统集成，体现国家战略的许多重大科技需求也难以得到有效满足。加强创新基地建设，对国家科技资源进行统筹规划，合理布局及有效整合，有助于打破现行的各种行政壁垒。同时，国家科研基地、科技平台、基础条件的研发与科技活动产出和汇聚的科技资源和科技条件大多属于公共物品，集中体现了国家意志和社会公众的公益性需求，其建设和管理工作具有长期性、稳定性、连续性等特点。国家财政加大支持创新基地建设的力度，也是各级政府部门转变职能、加强宏观管理和公共服务的体现。

1.2 研究主要内容

1.2.1 拟解决的关键问题

本研究将基于资源基础理论、动态能力理论、政府失灵理论、市场失灵理论等领域的研究成果，辨析科技资源配置与技术创新能力的概念，提炼并形成科技资源配置对技术创新能力的影响模型，并在此基础上探讨政府和市场对技术创新能力的作用机制以及优化资源配置的过程和影响因素。

（1）基于科技资源配置理论的基本判断，可以看出科技资源的有效利用应该与技术创新具有一定的相关性。但在创新基地的科技资源配置过程中，哪些是配置流程的基本要素，各配置要素如配置资源、配置模式、配置中介和配置目标的测量内容是什么，以及科技资源的各类配置要素对于技术创新能力的作用路径是什么，各类科技资源配置要素对于技术创新能力的影响是积极的还是抑制的等等，这些都是本书所要解决的问题。此外，除了科技资源对技术创新的直接影响路径之外，是否存在其他有效路径？如果存在，能够在科技资源与技术创新能力之间发挥重要作用的关键环节是什么？本书根据国家创新基地建设的实际，提出科技成果转化是重要配置中介要素的假设，因此，需要通过实证分析验证科技成果转化在科技资源对技术创新能力的影响路径中是否具有显著的中介效应，科技成果转化与科技资源、科技成果转化与技术创新能力之间、科技成果转化的不同阶段之间的关系是什么。

（2）国内外学者提出科技成果转化的影响因素较多，包括体制机制、经济环境、投入、人才、技术、科技中介服务、政策等。但在创新基地的科技资源配置范畴中，哪些因素对创新基地的科技成果转化具有重要影响作用，科技成果转化如何影响技术创新能力的提升，以及政府和市场在科技成果转化过程中分别发挥了什么样的作用，在这方面的研究还不是很多，对于产生较大影响的因素还有待进一步研究。本书旨在通过分析科技成果转化在科技资源配置和技术创新过程中的重要作用，分析科技资源配置中哪些关键要素对于科技成果转化具有促进作用，为提高科技成果转化效率提供依据。

（3）在我国，政府和市场是配置科技资源的两种重要力量。市场和政府的关系这一经济学永恒的话题，从资本主义生产关系产生之初就一直在经济界甚至科技界争论到现在。只要国家机器继续存在，市场还继续运行，这场争论就会一直延续进行下去。关于应该遵循市场自由还是强调政府干预的争论，始终贯穿于任何一个国家的经济发展的历史长河之中，市场自由与政府干预的现实轮回甚至成为了西方资本主义经济发展的缩影。

传统经济学在关于市场失灵和政府失灵方面给出的解释，即认为政府失灵常常比市场失灵带来的问题更多,所以解决的方案就是"大市场、小政府"。对十九世纪的资本主义市场经济,这样的理论观点也许适用,但对我国构建的现代市场经济是不能完全适用的。本书拟解决在创新基地建设过程中如何处理政府和市场的作用关系,避免产生"政府失灵"或"市场失灵"的问题。在构建了科技资源对技术创新能力的影响模型基础上,探讨政府和市场在两种模型中的作用机制和作用路径是怎样的,政府和市场在哪些科技资源配置要素上具有调节作用,调节作用是积极的还是抑制的等问题。

综上所述,鉴于创新基地的科技资源在我国实施创新驱动发展战略、优化创新布局的重要作用,应着重加强对创新基地建设科技资源的优化配置研究。国家创新基地的科技资源配置水平往往对创新主体整体的技术创新能力起根本性的、决定性作用。创新基地的技术创新能力不仅取决于创新基地自身的建设实力,也取决于创新基地所处环境中总体科技资源的丰裕程度和配置水平。由于自身建设能力的局限,国家创新基地在其发展壮大的过程中无疑还需要更多地汲取和依赖所处社会经济环境中的科技资源,因此有必要对如何利用好创新基地内部和外部资源,平衡政府和市场作用,最终达到提高技术创新能力的内在机制进行系统、深入的研究。

1.2.2 研究对象

本书的研究对象为我国的创新基地,实证分析部分围绕国家工程技术研究中心(以下简称"国家工程中心")的样本分析数据进行。国家创新基地是国家创新体系的重要组成部分,是科学研究和创新活动的核心力量,是促进科技资源整合、利用、开放、共享的重要载体,也是支撑科技创新的物质、信息和条件保障,综合体现了国家科技基础能力。国家创新基地建设是一种基于中国国情的创新载体,体现了国家意志,在对其创新资源的配置方面,政府和市场的作用都十分明显,以创新基地为研究对象,进行科技资源优化配置的研究,能够更有效地为我国科技创新服务,彰显我国独特的制度优势,具有很强的现实指导意义。

本书使用的数据信息来自历年的国家工程中心年度报告。部分研究成果来源于参与承担的部分国家级科技计划项目。在国家软科学研究计划"国家工程技术研究中心布局研究"的基础上,本书以国家工程中心这一具有代表性的创新基地为实证分析对象，在研究过程中紧扣国家在创新基地建设中的政策导向，提出具有针对性的措施建议。根据国家软科学研究计划项目"工程技术转化手段及方法研究"的研究成果，如工程技术转化方式、一般过程、相关特征和模式，影响工程技术转化的因素，国家工程中心的技术转移和科技成果扩散的方式和路径选择等问题研究结论，本书提出了科技成果转化是提高技术创新能力的重要途径的基本假设。

此外，在国家科技基础条件平台专项"科技资源共享政府与市场机制关系研究"中深入研究政府和市场在科技资源配置中的不同作用和相关关系的基础上，提出了政府和市场在科技资源配置对技术创新能力的影响关系中具有一定的调节作用的基本假设。

1.2.3 内容结构

本书分为8章，各章的研究内容和结构如下：

第1章 论述研究背景及意义、研究方法以及关键术语的界定。确定本书的研究问题、研究内容、研究方法以及技术路线，最后给出本书的章节安排。

第2章 文献述评与理论发展。通过对科技资源配置相关理论、政府失灵理论和市场失灵理论，以及相应的文献综述研究，发现已有研究的不足，并获得相关启示，形成本书理论研究框架，形成本书的论证基础。

第3章 阐述主要发达国家创新建设经验，以及我国创新基地建设的主要载体、取得的成效，选取国家工程中心作为实证分析对象，对国家工程中心功能定位、发展历程、总体运行机制进行了详细介绍，通过典型案例分析对本书的基本模型构建进行了探索分析。

第4章 研究提出科技资源配置对技术创新能力影响过程的关键配置要素，在系统分析基础上，构建了科技资源配置对技术创新能力的直接影响模型和间接影响模型，形成了完整的研究框架，并对解释变量、被解释变量、中介变量以及调节变量的测量指标进行了研究说明。

第5章 依据第四章提出的科技资源配置对技术创新能力的直接影响模型，研究科技资源配置对技术创新能力的直接影响作用机制，进行实证分析和假设检验，探索科技资源配置促进技术创新能力的内在机理；研究政府和市场在科技资源配置对技术创新能力影响关系中的调节作用。

第6章 依据第四章提出的科技资源配置与技术创新能力的间接影

响模型，深入研究和验证科技资源配置对技术创新能力间接影响作用机制，提出科技成果转化在科技资源配置对技术创新能力影响关系中发挥了重要的中介作用，并对此进行了实证分析和假设检验。

第7章 研究政府和市场在科技成果转化阶段，在科技资源配置对技术创新能力的影响过程中的调节作用，对比分析政府和市场的不同调节作用，并对此进行了实证分析，得出相应的分析结论。

第8章 对本书的主要结论和观点进行总结，对如何促进创新基地科技资源配置，提高技术创新能力，加快科技成果转化以及正确发挥政府和市场作用等提出政策建议，对本书研究的局限性和下一步研究内容进行了说明和展望。

1.2.4 关键术语界定

（1）创新基地。本书所指的创新基地是对我国重要创新载体的总称。创新基地涵盖了基础研究、技术研发、小试中试、推广示范、产业化和市场化服务等创新链各个环节（刘彦等，2011）。创新基地大多具有较强的专业性、集聚性和代表性，是国家创新能力的重要体现。我国重要的创新载体有国家工程中心、国家重点实验室、国家科技基础条件平台等。

（2）科技资源。科技资源有广义和狭义之分。从广义上来讲，科技资源包括进行科技创新活动所需要和利用的所有资源，是影响科学技术活动的经济要素、制度要素和社会要素的综合；从狭义上来讲，科技资源是指用于科学技术活动的资金、人才和科研条件等。从国内外学者对于科技资源内涵的发展研究来看，科技资源还应包括科技服务资源。本书所指的科技资源侧重于微观意义上的科技资源，并采用周寄中（1999）提出的科技资源划分为科技财力资源、科技人力资源、科技物力资源和科技信息资源等类别。其中，信息资源更侧重强调知识性信息，用于评价科技资源对于技术创新的重要作用。

（3）科技资源配置。在任何社会，人的需求作为一种欲望都是无止境的，而用来满足人们需求的资源却是有限的，因此，资源具有稀缺性。资源的这一特性，决定了人们在生产活动中必须遵循客观规律，合理运用理论知识把有限的资源投入到持续不断的生产活动中，达到最大的生产收益，由此引出了资源配置的有关问题，学术界在这一领域的理论也在不断地丰富和完善。任何一个社会都必须通过一定的方式把有限的资源合理分配到社会的各个领域中去，以实现资源的最佳利用，即用最少的资源耗费，生产出最适用的商品和劳务，获取最佳的效益。资源配置即在一定的范围内，社会对其所拥有的各种资源在其不同用途之间分配。资源配置的实质就是社会总劳动时间在各个部门之间的分配。资源配置合理与否，对一个国家经济发展的成败有着极其重要的影响。一般来说，资源如果能够得到相对合理的配置，经济效益就显著提高，经济就能充满活力；否则，经济效益就明显低下，经济发展就会受到阻碍。

（4）科技成果。国内外学者根据科技成果的各种存在形式而进行界定有很多种，我国在先后颁布的《新产品新工艺技术鉴定暂行办法》《科学技术研究成果的管理办法》《关于科学技术研究成果管理的规定》《科学技术成果鉴定办法》等中，也都有对科技成果的定义。根据《科学技术成果鉴定办法》和《科技成果登记办法》的规定，科技成果分为应用技术成果、基础理论成果和软科学研究成果。由于本书所选取的实证分析对象是国家工程中心，因此本书所讨论的科技成果为应用技术成果。

（5）科技成果转化。科技成果转化是我国科技工作领域的专有名词。对于科技成果转化的理解，在学术界和产业界至今还没有一个统一的认识。学者石善冲（2003）提出科技成果转化是科技成果由知识性商品转化为供市场销售的物质性商品的全过程，带有科技性质的经济行为，有其特定的性质和规律；徐国兴等（2010）认为科技成果转化分为科技成果的应用和推广，科技成果的工艺化、产品化、商品化和产业化几个层次，只要完成其中一个层次的转化就是一次成功的科技成果转化过程。2015年8月29日全国人大常委会通过了关于修改《中华人民共和国促进科技成果转化法》的决定（以下简称《科技成果转化法》），对科技成果转化的定义进行了修订，将"新产品、新工艺、新材料"更改为"新技术、新产品、新工艺、新材料"。本书采用新修订的《科技成果转化法》中对科技成果转化的定义。

（6）技术创新。技术创新的思想起源于熊彼特的创新理论。技术创新理论的不断发展，国内外学者对技术创新的内涵在不同层次和角度上也都进行了界定，但存在较大差异，目前上没有严格和统一的定义。国内外学者在对技术创新概念的内涵、外延的界定上主要从技术创新的首创性、过程性和应用性三个方面进行界定。广义上技术创新的定义，是指人们在生产实践活动中重新组织生产条件和要素，创造性地运用其在科学实验和生产活动过程中所积累起来的知识、经验和技能的过程，并取得了显著的经济效益或具有潜在的长远的经济效益，通常包括产品创新、过程（工艺）创新、市场创新、组织创新和制度创新等。本书所指的技术创新，是指从创新主体组织酝酿新观点、新思路、新产品或新工艺的设想产生到市场应用的全过程，包括新设想的产生、研究、开发、商业化生产到产品的市场销售和转移扩散等一系列的活动。

1.2.5 研究方法

（1）理论研究：主要运用文献检索、阅读的方法，对研究问题涉及的相关文献进行系统的阅读、梳理和分析，通过对科技资源配置理论（包括资源基础理论、动态能力理论和帕累托最优等理论）、政府失灵理论、市场失灵论等理论文献的检索和阅读，深入分析了以科技资源配置对技术创新能力影响关系为主要命题进行研究的理论可行性，尝试寻找相关理论突破口。

（2）实证研究：在充分的理论探讨并形成研究假设后，本书采用了样本问卷调查的方法获取研究所需的数据，使用统计分析软件 SPSS 对样本数据依次进行描述性统计分析、相关分析、因子分析、层次回归分析等统计分析。对个别案例进行现场调研和访谈等加以检验，使得研究成果既能得到理论上的支持，也能应用到管理实践中，对解决本书提出的研究问题具有较好的现实指导意义。基于对假设条件的验证（证实或证伪），形成了科技资源配置对技术创新能力影响作用机制的基本判断。

（3）政策研究：本书坚持从科技管理实践中发现和解决问题，并将理论建构的模型运用实证分析加以检验，深入研究分析科技资源配置对技术创新能力的影响路径和影响机制，探讨政府和市场在优化配置科技资源、提高技术创新能力过程中的调节作用机制，并根据研究结论提出有针对性的政策措施和建议，使得本研究成果在得到理论支持的同时，也能应用于科技管理和国家创新体系建设的管理实践。

1.3 技术路线和创新点

1.3.1 技术路线（图 1-1）

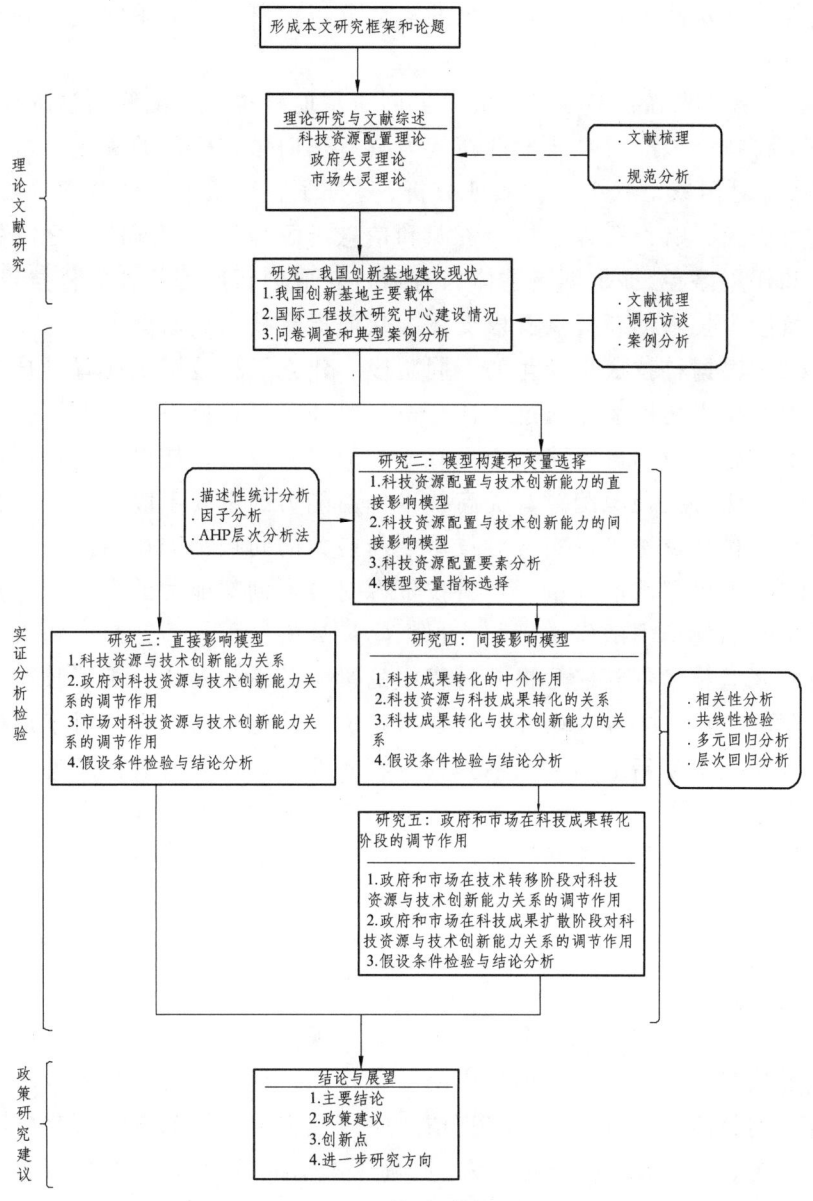

图 1-1 技术路线图

1.3.2 创新点

在对国家创新基地发展历史和演化过程调查研究的基础上，本书认为创新基地所拥有的科技资源与技术创新能力的提升之间存在着显著的相关性，并对此进行了较为系统的实证分析和研究，取得的主要创新性成果有：

（1）基于资源配置理论，给出了创新基地科技资源配置的过程模型，验证了科技资源配置对技术创新能力具有正向影响作用的关键要素和路径。通过对国家工程中心的实证分析，验证了科技资源中的各配置要素，即人力资源、财力资源、物力资源和信息资源与技术创新能力之间的相关性和作用路径，提出创新主体只有通过获取创新所需的各类科技资源，才能持续为技术创新提供有效支撑，从而提高技术创新能力。

（2）根据科技成果转化的不同阶段，建立了科技资源配置对技术创新能力间接影响模型。通过实证分析，验证了科技成果转化在科技资源对技术创新能力的影响路径中具有显著的中介效应，提出加速科技成果转化是优化科技资源配置、提高技术创新能力的重要手段。通过科技成果转化，科技资源可以实现对技术创新能力的间接影响作用。

（3）提出了政府和市场在科技资源对技术创新能力的直接影响模型和间接影响模型中的作用机制。根据实证分析结果，验证政府和市场在科技资源对技术创新能力提升过程中的影响关系，对比分析了政府和市场的调节作用的差异。研究分析在科技成果转化阶段，市场对于调控科技资源与技术创新之间关系中更具有有效性。以往政府失灵理论和市场失灵理论较多以企业为研究对象，本书围绕我国创新基地建设，在如何处理好政府和市场的关系方面进行了一定的拓展。

1.4 本章小结

本章从理论和实践两个角度阐述了我国创新基地建设在实施创新驱动发展战略、建设创新型国家中的重要作用，优化科技资源配置对于促进技术创新能力的重要意义，理清了本研究中的关键问题、研究样本、内容结构、重要概念和研究方法，明确了本书的技术路线和主要创新点，为全文的展开做了充分铺垫。

2 理论研究与文献综述

本章将对本论文所涉及的主要理论和相关文献研究成果进行阐述，从而在现有研究基础上明确理论切入点。本章梳理了科技资源配置理论，如资源基础理论、动态能力理论和帕累托最优配置理论，以及政府失灵理论和市场失灵理论，在对已有国内外文献研究基础上，分析了已有研究的不足，提出了本书的主要研究内容。

2.1 理论基础

2.1.1 资源配置理论

资源配置这个概念首次被提出来是在18世纪的英国。市场对资源配置的概念和内涵最初由亚当·斯密在《国民财富的性质和原因的研究》中提出，他认为存在着一种调节机制，在经济自由的情况下引导资源的配置，从而提高资源配置效率。这一理论成为西方经典经济学的理论基础。除此之外，大卫·李嘉图提出了比较优势贸易理论，用于指导一般贸易实践。李嘉图主要采用分配理论作为自己观点的理论支持。他的观点表明，社会总产品在不同阶段和层次会有不同的分配。社会总产品有限的资源，如果由不同阶级来分配必然产生不同的利益，从而产生对立。

1. 资源基础理论

20世纪80年代至90年代初，资源基础理论（Resource Based View，RBV）理论是战略管理领域占据主流的观点之一。资源基础理论的诞生从时间的角度上讲，不比波特的产业分析法晚。学术界把Penrose于1959年出版的《企业成长论》看作资源基础理论的源头。但Penrose提出的早期的资源基础理论，与实际运用相去甚远。此后，Werner-felt（1984）和 Barney（1986）所普及的资源基础理论成为战略管理领域一个革命性的理论框架体系，迅速地成为战略研究领域实证的重要理论基础。资源基础理论 RBV 的假设是，企业有着无形资产和有形资产，这些资源必然会在市场中不同的企业间和企业内部流动，必然产生差异性，从而导致企业之间的资源竞争。它强调企业行为的理性与自主，认为产业结构的转变是内生的。资源论的基本思想是把企业看成是资源的集合体，将目标集中在资源的特性和战略要素市场上，并以此来解释企业的可持续的优势和相互间的差异，如图 2-1 所示。

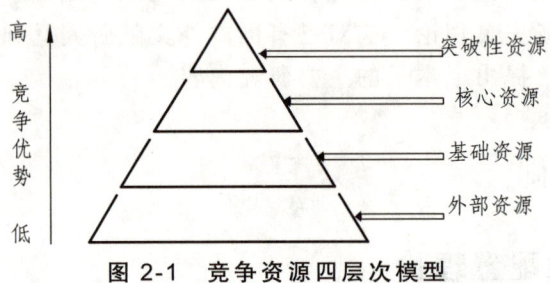

图 2-1　竞争资源四层次模型

杰伊·B. 巴尼（2011）在出版的《资源基础理论：创建并保持竞争优势》提出资源和能力的属性，即有价值的、稀缺的、不可完全模仿的和组织利用等四方面属性特征与持续竞争之间的关系（见图 2-2），并在此基础上形成了企业资源、能力与盈利潜力关系框架图，即 VRIO 框架（见图 2-3）。

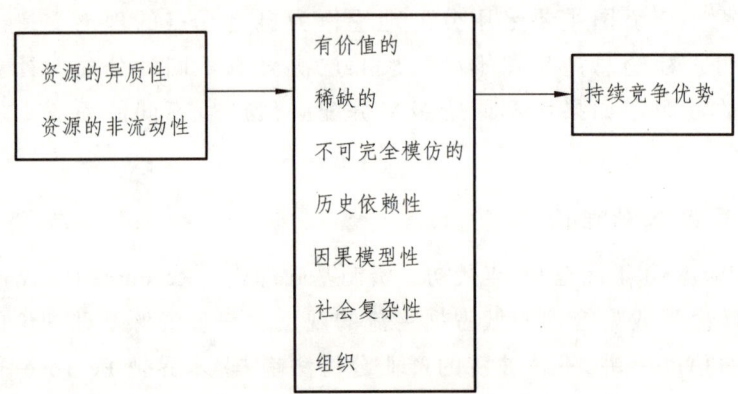

图 2-2　资源和能力的属性与竞争优势关系图

某项资源或能力				
是否有价值	是否稀缺	是模仿成本高	是否组织利用	对竞争力影响（绩效）
否	—	—	否 ↕ 是	竞争劣势（低于正常）
是	否	—		竞争均势（正常）
是	是	否		暂时竞争优势（高于正常）
是	是	是		持续竞争优势（高于正常）

图 2-3　VRIO 框架

1984 年 Wernerfelt 的"企业资源基础论"的发表意味着资源基础论的诞生。资源基础理论认为，企业是各种资源的集合体。由于各种不同的原因，企业拥有的资源各不相同，具有异质性，这种异质性决定了不同企业竞争力的差异。资源基础理论主要包括以下 3 方面的内容：

（1）企业竞争优势的根源：特殊的异质资源。

资源基础论认为，各种资源具有多种用途，其中又以货币资金为最。企业的经营决策就是指定各种资源的特定用途，且决策一旦实施就不可还原。因此，在任何一个时点上，企业都会拥有基于先前资源配置基础上进行决策后带来的资源储备，这种资源储备将限制、影响企业下一步的决策，即资源的开发过程倾向于降低企业灵活性。

（2）竞争优势的持续性：资源的不可模仿性。

企业竞争优势根源于企业的特殊资源，这种特殊资源能够给企业带来经济租金。在经济利益的驱动下，没有获得经济租金的企业肯定会模仿优势企业，其结果则是企业趋同，租金消散。因此，企业竞争优势及经济租金的存在说明优势企业的特殊资源肯定能被其他企业模仿。资源基础理论的研究者们对这一问题进行了广泛的探讨，他们认为至少有三大因素阻碍了企业之间的互相模仿：

① 因果关系含糊。企业面临的环境变化具有不确定性，企业的日常活动具有高度的复杂性，而企业的租金是企业所有活动的综合结果，即使是专业的研究人员也很难说出各项活动与企业租金的关系，劣势企业更是不知该模仿什么，不该模仿什么。并且，劣势企业对优势企业的观察是有成本的，劣势企业观察得越全面、越仔细，观察成本就越高，劣

势企业即使能够通过模仿获得少量租金,也可能被观察成本所抵消。

② 路径依赖性。企业可能因为远见或者偶然拥有某种资源,占据某种优势,但这种资源或优势的价值在事前或当时并不被大家所认识,也没有人去模仿。后来环境发生变化,形势日渐明朗,资源或优势的价值日渐显露出来,成为企业追逐的对象。然而,由于时过境迁,其他企业再也不可能获得那种资源或优势,或者再也不可能以那么低的成本获得那种资源或优势,拥有那种资源或优势的企业则可稳定地获得租金。

③ 模仿成本。企业的模仿行为存在成本,模仿成本主要包括时间成本和资金成本。如果企业的模仿行为需要花费较长的时间才能达到预期的目标,在这段时间内完全可能因为环境的变化而使优势资源丧失价值,使企业的模仿行为毫无意义。在这样一种威慑下,很多企业选择放弃模仿。即使模仿时间较短,优势资源不会丧失价值,企业的模仿行为也会耗费大量的资金,且资金的消耗量具有不确定性,如果模仿行为带来的收益不足以补偿成本,企业也不会选择模仿行为。

(3)特殊资源的获取与管理。

资源基础理论为企业的长远发展指明了方向,即培育、获取能给企业带来具有竞争优势的特殊资源。由于资源基础理论还处于发展之中,企业决策总是面临着诸多不确定性和复杂性,资源基础理论不可能给企业提供一套获取特殊资源的具体操作方法,仅能提供一些方向性的建议。具体来说,企业可从以下几方面着手发展企业独特的优势资源。

① 组织学习。资源基础理论的研究人员几乎毫不例外地把企业特殊的资源指向了企业的知识和能力,而获取知识和能力的基本途径是学习。由于企业的知识和能力不是每一个员工知识和能力的简单相加,而是员工知识和能力的有机结合,通过有组织的学习不仅可以提高员工个人的知识和能力,而且可以促进员工个人知识和能力向组织的知识和能力转化,使知识和能力聚焦,产生更大的合力。

② 知识管理。知识只有被特定工作岗位上的人掌握才能发挥相应的作用,企业的知识最终只有通过员工的活动才能体现出来。企业在经营活动中需要不断地从外界吸收知识,需要不断地对员工创造的知识进行加工整理,需要将特定的知识传递给特定工作岗位的人,企业处置知识的效率和速度将影响企业的竞争优势。因此,企业对知识微观活动过程进行管理,有助于企业获取特殊的资源,增强竞争优势。

③ 建立外部网络。对于弱势企业来说，仅仅依靠自己的力量来发展他们需要的全部知识和能力是一件花费大、效果差的事情，通过建立战略联盟、知识联盟来学习优势企业的知识和技能则要便捷得多。来自不同公司的员工在一起工作、学习还可激发员工的创造力，促进知识的创造和能力的培养。

2. 动态能力理论

资源基础理论有着典型的缺陷。首先，过分强调企业内部而对企业外部重视不够，因而由此产生的企业战略不能适应市场环境的变化；其次，对企业不完全模仿和不完全模仿资源的确定过于模糊，操作起来非常困难，而且这种战略资源也极容易被其他企业所模仿。同时，这一理论无法解释资源为适应不断变动的环境是如何形成、发展的。加入了动态面后，由此形成了动态基本理论。动态能力结合了传统资源基础观和能力理论的思想，并遵循资源基础观和能力理论的基本原则，解决了能力理论所未能解决的刚性问题，符合客观的资源配置过程的真实状态，并取得较大的进展。

动态能力的概念最先由 Teece 和 Pisano 于 1994 年提出，在他们发表的 *The Dynamic Capability of Firms:An Introdcution* 和 1997 年发表的 *Dynamic Capability And Strategic Management* 中，Teece 对动态能力理论进行了深入的研究。之后，国外学者也在此基础上提出了多种动态能力的内涵和定义。国内外学者从不同角度对动态能力理论进行了丰富，形成了研究企业资源和能力的战略管理主要学派——资源学派。Teece 等（1997）在战略框架中引入了企业动态能力的概念，并构建了相应的分析框架。动态能力的最早文献记载可以追溯到经济学中关于企业演进的相关理论，演进之后的动态能力的概念兼容了以往独特胜任力、组织惯例、建构知识、核心胜任力和重组能力等理论观点。动态能力这一概念很好地体现了动态环境下组织能力的含义。

动态能力理论形成的背景缘由主要来自于 20 世纪 90 年代市场环境变化的特点。随着市场环境的日益变化，技术创新要素的不断流动，技术创新速度也逐渐加快，为应对经济的国际化和市场的全球化，更多地满足不同用户的多样化和个性化需求，只有不断进行技术尝试和创新，才能持续保持竞争优势。通过上述学者对动态能力的定义可以看出，对外部环境进行适应和调整是定义动态能力概念的共同特征。国内外学者对于动态能力的概念和内涵研究总结如表 2-1 所示。

表 2-1　动态能力的概念和内涵研究

来源	定义	研究内容
1997	Teece 等（1997）	企业为应对外部环境快速变化而构建、整合或重构外部胜任力的能力
1999	Zollo、Winter（2002）	动态能力是一种集体的学习活动模式，企业通过它能够系统地产生和修改其经营性惯例，从而提高企业效率。当经营性惯例被视为对环境变化的自动或半自动反应时，动态能力则能创造一些连续的启发式解决问题的方法，从而使企业顺利解决在实际经营过程中碰到的非惯例问题
2000	Eiusenhardt、Martin（2000）	一种组织过程或战略管理，企业通过获取、释放、整合或重组自己的资源来适应或创造市场变化，或凭借战略惯例不断更新资源配置，以满足环境变化的需要
2001	Subba J、Narasimha P. N.（2001）	借鉴韦氏辞典的解释，动态能力是产生多样化的（知识）特性的内涵
2002	Zollo、Winter（2002）	一种稳定的集体学习（活动）模式，能使企业通过系统窗子或调整运营规则来提升自己的效能
2004	董俊武等（2004）	能力可被看作是知识的集合，知识改变的过程就是动态能力形成的过程

除了在动态能力的概念和内涵上，国内外学者进行了很多研究之外，动态能力的构成维度也是动态能力研究的重要内容。对动态能力进行解构，学者们最早是从过程的维度入手的。Teece 等人提出了较为系统的三维分析框架，将动态能力界定为流程、位势和路径三个更具操作性的维度，动态能力嵌入在企业组织流程中，组织流程则是由其所处地位和路径决定，组织流程承担了内部和外部整合、学习、资产结构重构三重重要角色。这一划分得到了广大学者的认同。动态能力构成维度不仅包括现有研究已经提出的资源整合和重构能力等行为维度，还应该包括机会和威胁感知能力等认知维度，如图 2-4 所示。

国内外相关学者关于动态能力维度的研究成果，如表 2-2 所示。本书对于创新基地的创新能力这一动态能力构成的要素，较多地采用了动态能力构成要素的研究成果。

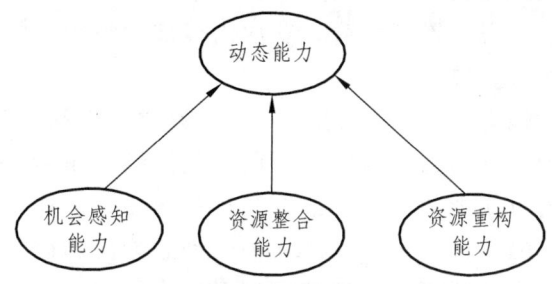

图 2-4　动态能力构成要素图

表 2-2　动态能力构成要素研究

年份	学者	构成维度
2000	Eisenhardt、Martin（2000）	整合能力、重构能力、获取能力、释放能力
2006	李兴旺（2006）	环境洞察能力、资源配置和整合能力、价值链配置与整合能力
2006	贺小刚、李新春（2006）	组织柔性、市场潜力、战略隔绝、组织学习与组织变革
2007	郑刚、颜宏亮、王斌（2007）	市场潜力、组织柔性、战略隔绝、组织学习与组织变革等
2008	焦豪、崔瑜（2008）	环境洞察能力、变革更新能力、技术柔性能力与组织柔性能力
2008	祝志明等（2008）	自适应能力、吸收能力和重构能力
2009	曹红军（2009）	动态的信息利用能力、资源的获取能力、内部资源的整合能力、外部环境的协调以及资源的释放能力

动态能力的基本理论详细描述了四个方面：

① 企业通过各种渠道购买的生产要素和公共知识，可以作为企业的基础资源。但不能把这些资源作为企业的战略要素，因为其所有权并不属于企业。

② 企业的专有资产，如企业的核心技术、创新产品等，难以复制和模仿，是企业的专用资源。

③ 企业的自身能力是企业竞争优势的主要来源。因为企业自身的能力越强，就越有更好的资源配置结构，从而使资源配置合理化。这是企业在长期生产经营过程中积累下来的经验，是能够替代市场的关键因素，具有较强的经济性。

④ 企业能够随着不断变化的外部环境而不断创新创造，这就是企业

的动态能力。企业必须不断整合，获取内外部的组织、技术、资源和功能性能力以此获得发展空间。

通过对动态能力的概念、内涵、构成要素的研究脉络分析可以看出，国内外学者对于动态能力的研究，目前还是围绕着 Eisenhardt 等学者提出最佳实践方式对能力的各个构成要素进行分类，以期在不同外部环境中运用不同能力的特性。基于 Teece 关于动态能力的研究核心理念，本书在运用动态能力进行创新基地技术创新能力研究过程中，认为可以借鉴动态能力研究的原则：

（1）动态能力的动态性特征研究。为了体现动态能力的动态性特征，Teece（1997）曾以惯例理论为基础，提出企业需要克服已有惯性行为才能不断创造出动态能力，并以构建、学习、重构三个动态性行为作为动态能力的内在特征。之后，为了使动态能力的研究适用于快速多变的外部环境，Teece（2007）进一步提出，以机会识别、机会把握和机会创造三个动态行为作为动态能力的内在动态属性。

（2）聚焦于"路径"研究。Teece 指出的"路径"是指从"资源基础结构"到"实质性能力"，进而提升为"动态能力"之间的演进过程。资源基础理论是动态能力产生的理论源泉，Teece 提出的理论认为不断构建新惯例和重构原有惯例的行为是动态能力特征的体现，而 Eisenhardt 提出的理论认为动态能力的本质属性是完成组织具体目标的最佳实践方式。从实质能力到动态能力形成的演变路径分析，对于本书具有重要的理论借鉴意义，如图 2-5 所示。

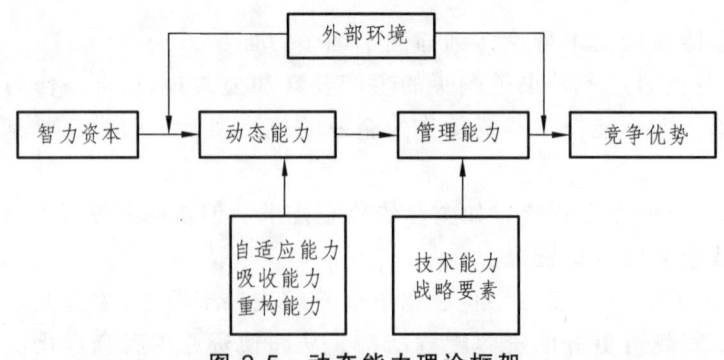

图 2-5 动态能力理论框架

由于动态能力外部环境和内在要素的复杂性，目前仍然有些问题没有完全解释清楚。动力能力理论目前的研究问题包括：

（1）针对动态能力形成的关键因素仍不明确。企业内部环境对动态能力形成的影响或作用问题，除了 Teece 等人提出的过程、地位、路径三要素外，还有哪些是影响企业动态能力的内部因素还没有得到进一步阐述，包括这些因素如何相互作用，其作用机制如何，政府和市场的外在作用要素对动态能力的形成有没有影响，怎样影响的，作用机制如何，如何利用外部环境促进动态能力的形成和发展等问题，还有待进一步探索。

（2）反映动态能力的指标体系尚未确立。动态能力是企业应对外部环境变化、解决自身危机的多种动态能力的集合，如何设计能随对适应外部时空变化，又能反映企业内部能力动态变化的指标体系是十分困难且很难统一的问题，需要不断进行完善和验证。

（3）实证分析是动态能力进一步研究的重点内容。在对动态能力研究的实证中，国外学者对于企业的实证较多，而我国有关动态能力的实证研究还不多见。作为战略管理的重要领域，建构有效的评价指标体系，同时针对我国创新主体类型的不同，对企业、高校、科研院所等创新主体采用有效的实证研究方法进行研究，有利于推动理论的发展和实践的应用。

3. 帕累托最优理论

"帕累托最优"也是经典的科技资源配置理论之一。帕累托最优（Pareto Optimality），也称为帕累托效率（Pareto Efficiency）、帕累托改善、帕雷托最佳配置，是博弈论中的重要概念，并且在经济学、工程学和社会科学中有着广泛的应用。以意大利经济学家维弗雷多·帕累托的名字命名的，他在关于经济效率和收入分配的研究中最早使用了这个概念。帕累托最优是资源分配的一种理想状态，即假定固有的一群人和可分配的资源，从一种分配状态到另一种状态的变化中，在没有使任何人境况变坏的前提下，也不可能再使某些人的处境变好。换句话说，就是不可能改善某些人的境况，也不使任何其他人受损。

经济学理论认为，在一个自由选择的体制中，社会的各类人群在不断追求自身利益最大化的过程中，可以使整个社会的经济资源得到最合理的配置。市场机制实际上是一只"看不见的手"，往往推动着人们从自利的动机出发，在各种买卖关系中，在各种竞争与合作关系中实现互利的经济效果。交易会使交易的双方都能得到好处。另一方面，虽然在经济学家看来，市场机制是迄今为止最有效的资源配置方式，可是事实上由于市场本身不完备，特别是市场的交易信息并不充分，使得社会经济资源的配置造成很多的浪费，而此时提高经济效率就意味着减少浪费。如果经济中没有任何一个人可以在不使他人境况变坏的同时使自己的情况变得更好，那么这种状态就达到了资源配置的最优化。这样定义的效率被称为帕累托最优效率。如果一个人可以在不损害他人利益的同时能改善自己的处境，他就在资源配置方面就实现了帕累托改进，经济效率也就相应提高了，满足帕累托最优状态就是最具有经济效率的。

一般来说，达到帕累托最优时，会同时满足以下三个条件：交换的最优条件；生产的最优条件；交换和生产的最优条件。交换最优——首先考虑两种既定数量的产品在两个单个消费者之间的分配问题，然后将所得的结论推广到一般情况。在交易契约曲线之外的任何一点，交易双方的无差异曲线的边际替代率均不相等，因此，交易双方没有达到帕累托最优状态。这时，继续进行交易，可以改善双方的境况，增加双方的福利，直到契约曲线之上，交易双方的无差异曲线的边际替代率相等，双方满足达到最大化，交易达到帕累托最优状态。由此可知，如果要使两种商品 X 和 Y 在两个消费者 A 和 B 之间的分配达到帕累托最优状态，则对于这两个消费者来说，这两种商品的边际替代率必须相等，这就是交换的帕累托最优状态的实现条件。生产最优——分析生产的帕累托最优条件的方法采用埃奇沃思框图来分析。西方经济学认为，生产的帕累托最优条件，对于用来生产两种产品的两种生产资源来说，就是它们的每一组合的边际技术替代率相等。如前所述，边际技术替代率是指保持产量水平不变时，两种生产要素的边际产量之比。只要两个生产者的两种生产要素投入量的边际替代率不相等，就可以进行投入量的替代，这样就能增加一种产品的产量而不减少另一种产品的产量，甚至两种产品的产量同时增加。只有当两个生产者的每一组生产资源投入边际技术替代率相等时，这种替代才会停止，这时便达到最有效率的生产，实现了帕累托最优条件。这个经济体必须在自己的生产可能性边界上，此时对于任意两个生产不同产品的生产者来说，需要投入的两种生产要素的边际技术替代率是相同的，且两个生产者的产量同时得到最大化。交换的最优条件和生产的最优条件概括起来说就是，如果交换达到了这样一种状态，即在这种状态下，产品的任何新的交易都会至少降低一个人的满足水平时，这种状态就是交换的帕累托最优状态。

从经济效率上讲，帕累托最优状态交换是最有效率的。与此相应，如果生产要素的组合达到了这样一种状态，在这种状态下，生产要素的任何一种重新组合都会使至少一种产品的产量下降，那这种状态就是生产的帕累托最优状态。从经济效率上讲，这种生产是最有效率的。交换的帕累托最优条件是产品的边际替代率相等，而生产的帕累托最优条件是生产要素的边际技术替代率相等。当整个社会的交换的最优条件和生产的最优条件同时得到满足时，那么，整个社会就达到帕累托最优状态。从市场的角度来看，一家生产企业，如果能够做到在不损害竞争对手利益的情况下又为自己争取到利益，就可以进行帕累托改进，换言之，如果是双方交易，这就意味着双赢的局面；交换和生产的最优，经济体产出产品的组合必须反映消费者的偏好。此时任意两种商品之间的边际替代率（MRS）必须与任何生产者在这两种商品之间的边际产品转换率（MRT）相同。

在理论建构中，前提的有效性是理论有效性的一个重要条件，但"帕累托最优"的前提条件是不符合实际的。"帕累托最优"的前提条件是生产技术和消费者偏好都是不变的。但实际情况是，由于社会生产力的发展变化，不仅生产技术在变化，而且变化的速度越来越快。其次，所谓的"帕累托改进"也是不存在的。暂时假设"帕累托改进"可以实现，这时就有两种情况：第一种情况是所有人的境况都变好；第二种情况是有一部分人的境况变好，另一部分人的境况至少没有变坏。第一种情况与阿罗（K.J.Arrow）定理相矛盾。因为，对原来的资源配置状态进行重新配置，必然涉及要对资源进行重新配置的多种方案有一个选择的问题。根据阿罗定理，在满足一定的公理条件下，若人数不少于两个和方案数不少于三个，则不存在一个大家都公认的公平分配程序。既然如此，则在多种资源的配置方案中选一个让任何人都认为公平和满意的方案是不可能的。这时，选任何一种资源的重新配置方案，必定会使一些人觉得不公平，从而产生不满意。不满意的这部分人，其效用水平应当是下降的。这里主要原因是：一个人的效用，不仅取决于实际绝对拥有资源量的变化，而且更重要的是取决于与社会其他人相比较的相对资源拥有量的变化。对于一个社会人而言，他更看重的是相对拥有资源量的变化。第二种情况也不可能存在，第二种情况是有一部分人的境况变好，另一部分人的境况至少没有变化。对于境况变好的一部分人而言，不仅资源的绝对拥有量增加了，而且与另一部分人相比，资源的相对拥有量也增加了。所以，这部分人的效用水平一般总体上会得到提高。但对于境况没有得到改变的一部分人而言，与另一部分人相比，虽然资源的绝对拥有量没有发生变化，但相对资源拥有量发生了减少。所以，这部分人的效用水平总体应当是下降的。从"帕累托最优"状态的产生机制看，"帕累托最优"状态的存在也是不可能的。福利经济学第一定理认为，在完全竞争市场的经济体系中，如果存在着竞争性均衡，那么这种均衡就是"帕累托最优"；同时，福利经济学第二定理认为，对于每一种"帕累托最优"状态，在满足有关个人效用函数（凸的无差异曲线）和生产函数（凸的生产函数）的某些条件下，总可以通过一个完全竞争市场的竞争性均衡来实现。但完全竞争市场的经济体系在现实中是不存在的，只存在于抽象的理论中。从"帕累托最优"状态的判断依据看，"帕累托最优"状态的实现也是有问题的。按照"帕累托最优"标准，判断甲的状态是否较前有所改进，其依据是甲自己的主观效用和偏好，而不是社会统一标准和客观标准，这就会产生两方面的问题：一是不同的人有不同的主观偏好，从而对同一状况就会有不同的判断，在现实中，从其他人的角度看，甲的状态应当是改进的，但在甲本人看来，未必就认为自己的状态是改进的；二是对同一个人而言，其欲望水平也是在不断升级的。随着客观生活状态的实际改善，一个人的需求和偏好也在变，这时基于个人效用偏好标准，其生活的快乐度和满意度并非就一定是绝对提高的。

"帕累托最优"这一理论在现实中很难实现。现实世界中，科技资源配置会受到政治、制度、社会环境等各种限制，不可能实现所谓的"最优化"，只能实现"次优化"，达到一种较为合理和平衡的配置状态。另外，由于该理论的假设条件不同，因此理想条件下的假设检验结果往往只能应用在理论层面。

从上述资源基础理论、动态能力理论以及帕累托最优理论中不难看出，理论研究的对象多为企业，主要原因在于国外的经济制度和科技创新环境多以企业为创新主体。其科技创新评价的目的也多是如何获得更多的经济利益，基本结论是随着企业对于自身和外部科技资源的利用，企业的自身能力或竞争优势也会产生不同的变化。而在我国现有的创新体系中，创新基地是较为独特的创新载体之一，无论是外部资源还是创新基地的内部资源都会对其创新成果的产出以及所发挥的影响产生至关重要的作用。本书正是在这些理论的基础上，着重研究当今社会资源中对创新基地来说最重要的科技资源是否会对创新基地自身技术创新能力产生影响，是间接影响还是直接影响，具体的影响又是怎样的等问题。

2.1.2 市场和政府失灵理论

1. 市场失灵理论

市场失灵一般是指各个资源无法通过市场规律来进行自动地、市场化地合理分配和流动，从而导致财富分布不合理和资源利用效率低下。西方古典经济学家如大卫·李嘉图等认为，一方面，市场调节由于自身存在的局限性，有时也会失灵。社会中的供需可以形成竞争市场，完全竞争的经济状态是指生产者追求利益的最大化，获得最大的投入产出效益，也就是说用最少的成本获取最大的利润；另一方面，消费者往往追求帕累托最优状态，最终实现在没有任何人的效用受损的情况之下，把资源分配到各方并获得最佳效益。价格机制就像"看不见的手"，在不自觉的情况下主导市场内的经济活动。

在自由竞争的市场经济时期，英国古典主义经济学派亚当·斯密认为，市场是资源配置的指挥官和主导者。亚当·斯密自由放任理论认为最好的政府是干预最少的政府，在当时的资本主义经济迅猛发展时期，自由放任理论很自然地成为市场经济条件下必须遵守的宗旨，并被世界各国不少学者认可和接受。

但在1929—1933年特大经济危机期间，不少学者也开始清醒地认识到市场作用有其严重的缺陷性，无法完全解决经济和社会发展的全部问题。英国著名经济学家凯恩斯认为仅仅靠市场机制来调节经济，不能有效、安全地配置社会资源。于是不少学者将1933年实施的"罗斯福新政"和理论上的凯恩斯主义进行结合，用于指导和支撑经济发展，不少观点以美国为中心，并向欧洲、亚洲扩散。

对于市场失灵的原因，2001年美国著名经济学家约瑟夫·斯蒂格利茨曾从竞争缺点、公共物品属性等八个方面，进行了深刻地剖析和概括，总结起来可以将市场调节机制失灵的原因主要分为：一是个体自由与社会契约之间的矛盾很难化解。"帕累托最优"与"社会收入公平"这两大理论原则在现实生活中经常出现矛盾。二是公共产品产量过度而导致的危机。公共产品是指人们可以公共享有的消费品，不具有排他性，是公众共同所有和应该共享利用的产品资源。三是外部性现象。根据"帕累托最优"理论，市场是所有生产者和消费者之间经济和生产活动关系中的重要介质，在市场以外很难找成本与收益的相关关系和必然联系。四是经济危机。市场运行有着必然的周期性，自身有着一定的规律性。经济的起落可带来高通货膨胀与高失业率、物价飞涨、失业等问题。经济周期的波动是市场机制很难甚至是无法解决的难题。由于市场具有上述失灵问题，因此政府和非政府组织也是维持和平衡这种失衡的不可忽视的力量。

关于市场失灵的原因，于2001年荣获诺贝尔经济学奖的美国著名经济学家约瑟夫·斯蒂格利茨曾从竞争缺点、公共物品、外部效应、市场残缺、信息不足、失业膨胀、收入分配和有效物品八个方面，概括和描述了上述市场失灵的主要根源，具体可以将市场失灵的原因主要归结为以下几点：

第一，个人自由与社会原则之间存在矛盾。首先，基于个人效用最大化原则的帕累托最优概念与社会收入公平原则未必一致，效率与公平是市场无法自行解决的一对矛盾。其次是价值取向问题，个人价值取向与社会价值取向会产生矛盾，市场无法自行解决这类冲突。

第二，公共产品供给失衡问题。公共产品是指在消费活动中不具有排他性的产品，即那些同时被许多人共同消费的产品，公共产品具有以下几个特征：

（1）公共产品的消费具有非排他性（无法排他，不必排他，或者不值得排他）。也就是说公共产品是向整个社会或某个区域整体提供，不能将其分割成若干部分，分别归个人或集团消费。以国防安全为例，国防安全作为一种公共产品，全体国人都能享受得到，我们无法采取措施去排除某些人对国防安全的享用权，而且从成本效益来看，我们也没有必要或者不值得采取什么措施去排除某些人的享用权。

（2）生产公共产品的收益也具有非排他性。也就是说谁投资不见得谁就受益，或者说个人收益与社会收益是有巨大的差异。以灯塔为例，投资者从中得到的与投资相比，可能是微不足道的。从灯塔中得到的服务是面向整个区域所有成员的，无法将其分割出来归某个人或集团所有，消费者的增加并不引起生产成本的增加，多一个消费品引起的边际成本为零。

（3）非营利性。提供公共产品的目的往往不是为了追求利润的最大化，而是提高公共福利和社会效益。

（4）公共产品消费和收益的非排他性决定公共产品的生产具有较高甚至是无法估量的私人交易成本。

鉴于以上公共产品的特征，在市场情况下就会出现两个问题：一是公共产品供给不足，由于成本太高，私人或营利组织不愿承担；二是"搭便车"现象，期望别人出钱，自己享受同样的权利，但这最终也会导致公共产品供给不足。因此，在某种程度上，我们可以说公共产品就是市场无法有效率地供给或市场根本就不能提供的物品。

公共产品可以分为三类，第一类是市场在原则上就无法有效率地提供的物品，如基础科学研究、公共卫生、司法、国防等；第二类是为市场有效率地运转提供条件的公共产品，如保护财产所有权、控制垄断、建立和维护社会制度等；第三类是市场根本无法提供的物品，如宗教信仰、价值观念、人权保障、社会公共安全和宏观经济稳定等。

第三，市场的外部性现象。按照帕累托最优状态的要求，所有的生产者和消费者之间的经济活动关系都是通过市场发生联系的，也就是说，在市场以外不存在成本与收益的相关性。但在事实上，社会中存在着大量无需影响价格就能直接影响他人经济利益的相互作用关系，这种影响经济学称之为外部经济效应，或称为外部效应。"外部效应"指厂商或个人在正常交易市场以外向其他厂商或个人提供的便利或施加的成本。这种便利或成本往往是相关者行为的自愿非自愿结果。外部效应可导致市场在配置社会资源时产生偏差。当存在外部效应时，各个市场主体的边际效益和边际成本之和就不再等于社会边际效益和边际成本。这里要提出的是，市场的外部效应有正负之分，外部正效应是指企业带给社会的生产成本小于企业耗费的成本，或者说它的外部效应给他人或社会带来一种"搭便车"的利益，获利者不需要支付成本，如技术进步。反之，外部负效应指某一企业带给社会的生产成本大于企业耗费的成本，环境污染就是典型。

第四，经济周期与危机。市场经济的运行具有周期性，伴随着经济周期涨落而来的是高通货膨胀与高失业率，给人们带来物价飞涨与失业的痛苦。稳定经济进行，熨平经济周期的波纹是市场机制无法解决的难题。

第五，贫富差距问题。在市场经济中，有些人因为拥有稀缺的资源或技能而得到高收入，变得很富有，但另一些人却因资源缺乏而难以维持生计，由此可见，市场经济社会会带来结果的不公平和贫富差距问题。

由于市场具有上述失灵问题，因此，我们不但需要市场这种资源配置机制，而且还需要市场之外的资源配置机制：政府和非政府组织。

另外，就当前社会最现实的例子，如化工厂，它的内在动因是赚钱，为了赚钱，企业可以让工厂排出的废水不加处理而进入下水道、河流、江湖等，这样就可减少治污成本，增加企业利润，但这对环境保护、其他企业的生产和居民的生活则带来严重危害。社会若要治理，就会增加负担。这种外部性是通过市场完全无法解决的，所以市场在这个时候是不能发挥有效作用的，我们把这种情况称为市场失灵。

市场按照每个人拥有的要素（如劳动能力、资本）来分配收入，所以导致富人越富，穷人越穷的"马太效应"，在现实中看到的就是股市上的机构投资者或是大户挣大钱，散户亏钱，这就是市场失灵的一种表现。贫富悬殊是市场有效运作的不良结果，也是一种市场失灵。

2. 政府失灵理论

1929—1933年经济危机爆发，传统经济学所认为的市场万能理论受到现实的冲击，其认为在完全竞争中，市场能够在不需要政府的情况下，实现对社会资源的优化配置。为了弥补这一理论的缺陷，凯恩斯提出自己鲜明的观点，认为与市场相比，政府才应该是资源配置的主导力量，市场应该是被完全忽略的。然而随着政府干预的加强，政府干预的局限性和缺陷也随着时间的推移不断暴露出来，财政赤字、社会福利计划相继失败，经济停滞而且通货膨胀。在这种情况下，公共选择理论克服这种局限性，在政治市场的分析当中运用了经济学的分析方法，从而揭示了"政府失灵"问题，并以此来更好地指导经济的稳定运行。著名学者布坎南对政府失灵提出以下的观点：政府机构运行效率不高问题，即社会上实际并不存在当下每个人都触手可及的公共利益，"阿罗不可能定理"已经在很早的时候证明了这一点；公共决策由于其自身存在决策失误、信息不对称等内在缺陷，无法达到实现这种利益的目的。政府部门在其运作过程中的效率缓慢现象,表现为缺乏竞争压力,没有制定降低行政成本的法规法律,没有完全形成并加以改善的制约监督机制,行政资源就容易造成浪费。

布坎南对政府失灵的几种表现形式及其根源进行了较为深入的剖析:

(1)政府政策的低效率,也即公共决策失误。公共政策主要就是政府决策,政府对经济生活干预的基本手段是制定和实施公共政策。公共选择理论认为,政府决策作为非市场决策有着不同于市场决策之处。在政府决策中,虽然单个选择者也是进行决策的单位,但是做出最终决策的通常是集体,而不是个人,他们以公共物品为决策对象,并通过有一定秩序的政治市场(即用选票来反映对某项政策的支持)来实现。因此相对于市场决策而言,政治决策是一个十分复杂的过程,具有相当程度的不确定性,存在着诸多困难、障碍或制约因素,使得政府难以制定并实施好的或合理的公共政策,导致公共决策失误。

在布坎南等人看来,导致公共政策失误的原因是多方面的:① 实际上社会并不存在作为政府决策目标的所谓公共利益,阿罗不可能定理已经证明了这一点。"如果排除效用人际比较的可能性,那么把个人偏好总合成表达各种各样的个人偏好秩序的社会偏好是不可能的",因此,"社会需要什么"这个问题本身就没有答案。人们有理由对政府干预经济活动的必要性和合理性提出疑问。② 即使现实社会中存在着某种意义上的公共利益,而现有的公共决策机制却因其自身的内在缺陷而难以达到实现这种利益的目的。③ 决策信息的不完全性。获取决策信息总是存在诸多困难而且是需要支付一点成本的,不管是选民还是政治家,他们拥有的信息都是不完全的,因而大部分公共政策是在信息不充分的基础上做出的,这就很容易导致决策失误。④ 选民的"短见效应"。由于政策效果的复杂性,大多数选民难以预测其对未来的影响,因而只着眼于眼前的影响。而政治家为了谋求连任,就会主动迎合选民的短见,制定一些从长远来看弊大于利的政策。⑤ 选民的"理性的无知"。由于选民做出决策需要支付一定的成本以收集有关候选人的信息等,所以作为理性的经济人选民,他在权衡自己的成本——收益计算时,如果成本太大,将不去投票。在现实生活中,许多选民往往也会出于搭便车心理而寄希望别人去投票以使自己坐享其成。这被称为选民的"理性的无知"。这将导致通过选票上台的政治家并不代表多数人的利益,其制定的政策充其量只能代表一部分人的利益。

（2）政府工作机构的低效率。政府失灵理论认为政府机构低效率的原因在于：① 缺乏竞争压力。由于官僚机构垄断了公共物品的供给，没有竞争对手，就有可能导致政府部门过分投资，生产出多于社会需要的公共物品；另一方面，受终身雇佣条例的保护，政府机构没有足够的压力去努力提高其工作效率。② 没有降低成本的激励机制，行政资源趋向于浪费。首先，官员花的是纳税人的钱，由于没有产权约束，他们在进行一切活动时根本不必担心成本问题。其次，官员的权力是垄断的，有无穷透支的可能性。③ 监督信息不完备。理论上讲，政治家或政府官员的权力来源于人民的权力让渡，因此他们并不能为所欲为，而是必须服从公民代表的政治监督。然而，在现实社会中，这种监督作用将会由于监督信息不完全而失去效力。再加上前面所提到的政府垄断，监督者可能为被监督者所操纵。

（3）政府寻租。"寻租是投票人，尤其是其中的利益集团，通过各种合法或非法的努力，如游说和行贿等，促使政府帮助自己建立垄断地位，以获取高额垄断利润。"可见，寻租者所得到的利润并非是生产的结果，而是对现有生产成果的一种再分配。因此，寻租具有非生产性的特征。同时，寻租的前提是政府权力对市场交易活动的介入，政府权力的介入导致资源的无效配置和分配格局的扭曲，产生大量的社会成本：寻租活动中浪费的资源、经济寻租引起的政治寻租浪费的资源、寻租成功后所损失的社会效率。另一方面，殉葬也会导致不同政府部门的官员争夺权力，影响政府的声誉和增加廉政成本。公共选择理论认为寻租主要有三类：① 通过政府管制的寻租；② 通过关税和进出口配额的寻租；③ 在政府订货中的寻租。

（4）政府扩张。政府部门的扩张包括政府部门组成人员的增加和政府部门支出水平的增长。对于政府机构为什么会出现自我膨胀，布坎南等人从五个方面加以解释：① 政府作为公共物品的提供者和外在效应的消除者导致扩张；② 政府作为收入和财富的再分配者导致扩张；③ 利益集团的存在导致扩张；④ 官僚机构的存在导致扩张；⑤ 财政幻觉导致扩张。

因此，布坎南等公共选择学派对西方现行民主制度、对国家和政府深表怀疑，正如布坎南所说："公共选择理论以一套悲观色彩较重的观念取代了关于政府的那套浪漫、虚幻的观念。公共选择理论开辟了一条全新的思路，在这里，有关政府及统治者的行为的浪漫的、虚幻的观点已经被有关政府能做什么、应该做什么的充满怀疑的观点所替代。而且，这一新观点与我们所观察到的事实更为符合。"

2.2 国内外文献研究综述

2.2.1 科技资源配置研究

科技资源配置是经济活动中各种类型的科技资源在不同主体、行业、空间和时间上的分配和使用（2015）。目前对科技资源配置以及科技资源的优化配置的研究主要从宏观和微观两个层面进行，研究的主要内容主要集中在对科技资源配置规模、配置结构、配置模式和配置效率等方面。在科技资源配置效果方面，国内外学者采用定量分析和定性分析的方法。

在定性分析方面，冯永田（2005）从新制度经济学的视角、博弈论的视角，对科技资源配置及其作用机理进行了分析。从分析我国区域科技资源配置现状出发，从宏观层面对区域科技资源配置理论原理进行了探索。同时，运用系统论分析了区域科技资源使用的机理。王雪原（2008）、罗珊（2008）、崔栋（2007）也在不同程度上从不同角度探讨了科技资源配置的基本原理，但目前还没有形成较为权威的理论框架和理论体系。李瑶（2014）提出市场和政府在科技资源配置中，具有不同的地位和作用，并对政府和市场在科技资源配置中的几种组合模式，如"强市场、弱政府""强政府、弱市场""强政府、强市场"进行了分析，提出应重视人才，增强对人才的吸引力。刘剑（2014）认为在技术创新能力提升的过程中，科技资源配置起到了重要作用，并提出应在人才、创新基础资源和产业资源方面加强资源优化配置，加强创新活力的机制建设等。

在定量分析方面，Brenner，Merrill S（1994）采用层次分析法，通过对企业研发资源配置中的效率影响因素进行了量化分析，表明研发活动的市场需求调研对科技资源的配置效率影响很大。Schmidt，Robert L.A（1996）运用马尔可夫随机理论，针对生物制药研发活动过程中的研发资源的优化配置问题，建立了一套改进模型。Kent F.Hansen，MalcolmA.

Weiss（1999）运用系统动力学建模法，对企业 R&D 活动中的资源投入和产出效果进行了实证分析，提出"市场调研-产品功能定位-研发投入"的路径关系是积极有效的。也就是说，加强 R&D 研发资源投入是优化研发资源投入效率的最好选择。Chun-Chu Liu，Chia-Yon Chen（2004）运用数据包络分析（DEA）方法建立了研发资源配置相对效率评估的二维测度模型，对以往关于研发资源配置效率测度的一维模型进行了改进。杨传喜（2015）等人采用数据包括分析中的曼奎斯特指数方法测算了 30 个省（市、区）级农业科学院 2003—2011 年的科技资源配置效率并分析其中的变化趋势，提出了需要有针对性地开展区域农科科技创新活动，整合农业科技资源，根据科技运行效率类型的不同分级采取措施的建议。周伟利（2012）结构方程模型，对 2010 年安徽省内科技资源配置影响因素进行了验证分析，研究结果表明科技资源投入、持续发展能力、科技配置环境对科技资源配置都具有显著的直接影响，其中科技资源投入对科技资源配置的影响最大，其次为持续发展能力和科技配置环境。黄海霞（2015）采用数据包络分析（DEA）方法，对 2009—2011 年战略性新兴产业科技资源配置效率进行了实证分析，研究结果表明我国战略性新兴产业的科技资源配置效率水平在不断提高，但并没有达到最优状态，不同产业之间和同一产业内部之间存在非常大的差异，并提出优化战略性新兴产业的科技资源配置建议。

2.2.2 科技资源与技术创新能力关系研究

关于科技资源对于技术创新的直接影响，国外学者进行了很多探索，大部分国外学者的研究对象为企业。部分学者研究结合系统理论与经济增长理论，在一个统一的"STIG"系统框架内对科技资源、技术增长和经济发展之间的影响关系进行全面的理论分析，得出了比较有说服力的结论。国外学者认为技术创新过程一般包括内部资源和外部资源因素对技术创新的创新过程，内部资源包括在公司的内部资源和技术能力。Valeriano Sanchez-Famosoa 等（2014）采用结构方程模型对 172 个西班牙企业样本探索社会资本（social capital）对组织创新的影响，验证结果表明企业内部资源对创新有直接和持续稳定的积极作用。企业外部的社会资本对于技术创新也同样奏效。当前的经济危机加速了企业技术创新节奏。在一个日益变化的外部环境中，企业必须努力寻求技术创新，才能克服惰性，保持竞争力（Floyd 等，1999）。具体来说，企业必须迅速在复杂的环境中，更好地适应外部环境的变化，在此过程中，持续的技术创新是一种竞争优势和能力的体现。一个企业技术创新能力往往与企业的内部资源和利用这些资源的能力有关，因此，必须认识到如何利用内部资源（也称内部社会资本，internal social capital）来创造竞争优势（Barney 等，2001）以及如何利用内部资源实现后发优势。关于内部资源对技术创新的影响，Hult 等（2004）也得出了相同的结论，认为内部资源是创新发展的关键要素（Subramaniam 等（2005））。Valeriano Sanchez-Famosoa 等（2014）认为内部资源能够彰显创新功能，这是根据它的成员之间的关系，以合作、共享信息所形成的重要资产的重要性，并提出更好地协调和配置资源的重要性（Adler 等（2002））。一个企业的竞争优势越来越依赖于它的创新，在很大程度上依赖于利用内部资源的能力。基于内部资源本身的创新是一个不断学习的过程，能够使企业产生新的知识和思想，产生出更多的创新想法。在这个过程中，组织间的企业员工以及他们的合作伙伴需要更多的参与进来（Carrasco 等（2013））。Tsai（2001）同样验证了这个结论，同时认为在科技资源管理过程中加强科技资源的共享，有利于学习和进行进一步的创新，科技资源及其承载的知识能够提高企业的技术创新能力（Chen 等（2010），Darroch（2005））。科技资源和知识的获取有直接和间接两种途径，外部资源对于企业的成长和提高研发效率更为重要，企业应该高度重视从外部便捷地获取科技资源的能力（Cassiman 和 Veugelers（2006）），在此基础上，Aragon-Correa 和 Cordón-Pozo（2007），Lyles 和 Salk（1996）提出获取科技资源的能力是衡量企业创新能力的主要评价指标，当然获取资源的能力取决于特定组织间利益相关者的平衡程度和紧密程度。在创新网络中合作良好的创新主体更容易获得有关新产品、新技术方面的更多信息，同时也能够帮助企业缩短新产品的开发时间（Rindfleisch 和 Moorman（2001）），从而帮助创新主体生产出更多的新产品（Helena 等（2001））。

我国学者郑绪涛（2009）对国家创新体系和国家创新能力做了重点研究，其实证结果表明，人、物力、财力、科技成果、技术创新都是国家创新体系和国家创新能力的重要的影响因素，文章最后提出政策性建议，强调国家应加大科技资源各因素的投入。黎峰（2006）通过对中国1990—2004 年的有关数据进行分析，指出科技、教育、专利均能促进中国技术实力、能力的提高，从而增强自主创新能力，推动经济的持续稳定发展。

在信息资源与技术创新能力关系的研究方面，组织内部的知识共享（信息共享）会影响企业的创新能力，因为这是支持创新、激发创新想法的源头（Aragon-Correa 和 Cordón-Pozo（2007），Perry-Smith 和 Shalley（2003））。信息资源的流动，能够为团队成员提供资源优势（Tsai 和 Ghoshal（1998））。Tan 和 Gurd（2007）研究指出科技管理类信息资源的优化配置水平的提升能促使企业获得更新的信息资源，从而增强企业的技术创新能力。Tsou 和 Hsu（2015）主要考察了技术合作、信息资源和公司业绩的关系。收集了210家我国台湾IT公司的相关数据作为样本，采用部分最小二乘（PLS）法来处理复杂的数据分析问题。结果表明，扩大技术合作和增强企业信息资源的优化配置确实会对企业绩效产生影响。同时，这一影响效果是通过企业技术发展、内部资源配置来间接传递的，也会受到行业市场的影响。

在人力资源与技术创新能力关系研究方面，Sandulli 等（2014）研究了劳动者技术技能和认知能力对中小企业的技术效率的影响。结果表明，不同年龄、教育水平的劳动力对中小企业的创新产生不同的影响。创新在本质上首先要识别，然后再利用机会去开发新产品和新服务，人力资本体现为拥有着知识和技能的关键部分的人员，这些人员是组织中新知识和新观点的主要来源。D'Este 等（2014）在分析人力资源与技术创新能力之间关系时，对西班牙企业的采样数据进行实证分析，论述了人力资源在打破行业壁垒、参与更多技术创新过程中发挥了重要作用。

资金投入特别是研发资金投入为技术进步提供了强大的动力，企业自身的资金投入是激发创新人才活力和动力的重要因素。学者陈广汉和蓝宝江（2007）利用1998—2004年的省际面板数据发现内部经费支出、竞争程度对技术创新能力有显著影响。资金投入可以降低技术创新风险，将技术创新所带来的巨大收益反哺研发活动，是一种有效的资源配置方式。国际上一般认为，当企业的研发费用占其销售收入的2%时，企业才能基本生存；当达到5%以上时，才具有竞争力。在财力资源与技术创新能力研究方面，Ehie 和 Olibe（2010）提出制造业和服务业的研发投入与市场价值之间存在正相关关系。Albert 等（2004）研究发现研发投入对企业技术创新能力额提升具有积极促进作用，但其影响程度随着时间推移会逐渐削弱。马建峰（2014）提出 R&D 财力和人力资源投入与经济增长之间存在长期的均衡关系，从长期来看，人力资源投入对经济增长的拉动作用相对明显，而财力资源投入对经济增长的短期影响更显著；张叶峰和王文寅（2011）及朱云欢（2010）得出同样的结论，认为 R&D 投入与我国经济增长间有长期稳定的均衡关系，R&D 投入促进了我国经济的发展。除了 R&D 投入以外，很多学者也将资产总额作为企业财力状况的指标，认为资产总额是创新主体规模的重要体现，资产总额能够在一定程度上实现创新主体在创新活动中的可持续发展。

在物力资源与技术创新能力之间关系的研究方面，Arup Mitraa 等（2011）探讨了 R&D、技术转移和基础设施的关系，并采用 1994 年至 2008 年的印度制造业数据进行实证分析。结果表明，基础设施是印度制造业表现的关键因素，并认为这一发现在印度具有重要的政策含义。科研人员和政策制定者已经越来越深刻体会到基础设施在经济增长背景下的重要性。但在这个问题上，不少实证研究得出的结果往往不一致，有时甚至相反。在过去的二十年中，大量的研究都集中在这个问题上。绝大多数学者认为基础设施是影响经济社会发展的重要前提。Munnell（1990）通过生产函数讨论了基础设施对于技术创新具有正向影响。随着验证方法的改进，Stephan（2003）和 Kamps（2005）等研究人员重新评估了基础设施对于国家、行业甚至企业创新的影响，考虑的要素已经从总体影响效果转向对创新绩效和效率的影响关系研究。多数研究表明物力资源对于企业特别是制造企业的创新绩效影响较大（Veganzones-Varoudakis 等（2011），Hulten 等（2006），Sharma 和 Sehgal（2010））。Chou 等（2012）研究结合使用 AHP 和模糊决策试验和评价实验室（DEMATEL）方法来研究科技人力资源。首先利用 AHP 评估每个准则的权重，然后使用 DEMATEL 方法建立上下文这些条件之间的关系。研究发现基础设施可能更重要，因为它将直接影响人力资源科学技术的性能，通过科技人力资源改善基础设施可能是一个长期的更好的选择。

国内外学者对于知识产权与技术创新能力关系的研究，经历了一个由认知到逐步细化的过程，最初国内外学者大多研究知识产权对技术创新能力是否具有影响关系，这种影响关系是正向的还是负向的。随着各国实施知识产权战略，以及知识产权在占领技术制高点上发挥越来越重要的作用，国内外学者开始对理论进行深化，采用更多实证分析方法对知识产权与技术创新能力之间的影响关系进行细化研究。Furukawa（2010）采用内生增长模型进行实证检验，发现知识产权与技术创新能力之间存在更为复杂的关系，即知识产权技术创新产出之间存在倒 U 型关系。Gangopadhyay 和 Mondal（2012）运用格罗斯曼和赫尔普曼经济环境方程，得出了与 Furukawa（2010）类似的结论。Greenhalgh 和 Rogers（2012）以英国服务业和制造业为样本数据，提出创新主体不断推出新产品且加强专利和技术保护，有利于参与市场竞争。李蕊和巩师恩（2014）通过实证分析提出知识产权保护能够有效促进高技术产业的科技投入效益和创新产出效益。李平（2013）等采用内生门槛法也验证了知识产权保护与技术创新之间存在倒 U 形关系，虽然他采用的是我国企业的研发数据，但这一结论与采用国外企业研发数据的国外学者的研究结果相似，充分证明了知识产权保护对于技术创新具有显著的影响作用。

2.2.3　政府和市场对科技资源配置的作用

世界各国根据所处的不同发展阶段和国家技术竞争环境，分别确立了不同的科技资源配置模式和配套政策。计划经济与市场经济体制条件下的资源内配置方面存在很大的不同。美国的科技资源配置模式是自由市场经济模式，市场是促进科技发展的决定因素，政府重点进行基础研究和国防研究开发。全社会科技资源配置主要依靠法律法规和财税优惠政策来调节，刺激社会资金投向 R&D。日本科技资源配置模式为社团市场经济模式、政府积极投资公用事业和私人投资创造条件，通过各种优惠政策引导民间企业进行科技资源配置。德国科技资源配置模式是社会市场经济模式，政府通过法律和经济、科技计划不同程度地干预国家科技资源配置，既重视市场竞争机制的作用，也在一定程度上加强国家对科技资源配置的干预和引导。韩国采取集中协调型科技资源配制模式，国家在科技管理中起主导作用，同时采取集中和分散相结合的方式指导科技资源配置，协调各部门制定合理的科技政策。我国科技资源配置政策和模式随着政治制度、经济制度以及国际竞争形势在不断发生转变。

在计划经济条件下，资源配置是在政府计划体系中完成的，资源配置的相关过程体现了较多的行政色彩。在资源投入建设方面，资源分配渠道和资源本身的类型相对单一；在分配方式和分配重点上，根据政府部门的统筹安排进行分配，受政治环境的影响因素较大；在评价和收益处置方面，通常通过行政管理部门进行。在市场经济条件下，科技资源的类型更加丰富。除了政府，企业和市场资本成为新的创新投入主体。企业是进行创新的主体，通过市场机制参与整个创新过程。社会资本是对创新支持的另外一种新形势，并发挥了越来越重要的作用。在资源分配重点和收益处置上，企业和市场资本通常将资源投入在效益明显、风险较小的产业技术研发、产品化及商品化阶段；政府资源通常投入在创新之初，将资源投入在基础条件、优化环境、培养人才、提高能力等方面。在收益分配上，不同独立法人的创新主体，通过科技创新合同、协议或市场价格机制，根据投入和贡献，分配所获收益。

对于政府在资源配置中的作用，国内外学者做出了很多具有现实意义的理论研究和实证研究，例如 Isabel Busom 和 Andrea Fernández-Ribas（2008）。Georghiou 等（2014）的观点中提到，一个创新项目通常在资源或提供承接潜在创新任务的能力方面有所不足。这些不足带来的挑战，必须在适当的政府干预下解决，例如组织机构不可能解决参与机构之间的协调问题（Salmenkaita 和 Salo（2010））。不足和挑战存在于创新的各个方面，但技术和组织通常对于创新十分重要（Howlett 和 Rayner（2007）），对于某一个具体创新项目来说，某一阶段的人力资源和物力资源可能比其他阶段更富有挑战性（Montealegre（1999））。一个任务实现所带来的挑战必须加以解决，这样政府就可以发挥其作用了。Ratchford 和 Blanpied（2008）对比中国和印度，概述了科学和高等教育的发展，详细阐述了两国政府科技政策结构的变化。从1995年开始，直至2004，详细的研发投资和人力资源数据都说明两国在不断加大在科技创新研发方面的人力、物力和财力资源的投入，最后指出这些科技政策可能是两个超级大国经济发展和军事力量提升的根本原因。E.Amiri 等（2013）提出科技资源优化配置，首先需要将分散的资源进行整合，从而对科技资源进行优化配置，这两个阶段都离不开政府的指导、监督。C.H.K.Lee 等（2014）指出政府是信息资源优化配置的最终决策人，信息资源配置的及时性和有效性需要依靠政府力量进行有效控制。

我国学者李瑶（2014）提出市场和政府在科技资源配置中，具有不同的地位和作用，并针对政府和市场在科技资源配置中的几种组合模式，提出应重视人才，增强对人才的吸引能力。王天骄（2014）从创新效率和资源配置的角度出发，对我国科技体制改革进程进行了分析，认为虽然目前的改革提高了科研机构的创新效率，但仍旧无法与企业创新效率相比，政府应在确保国家关键技术创新独立自主的同时，在转制方式上，均衡创新效率和国家战略。张礼国等（2015）学者根据2000—2012区域的科技统计数据，研究了企业专利数和企业新产品价值等相关变量的关系。提出在产学研模式下，企业配置科技创新资源优于政府配置科技资源的效果，政府应该转变科技资源配置方式，由政府主导方式转变为由市场主导方式。

市场也对科技资源配置有着重要影响。Hsu（2009）的研究从全球市场经济运行入手，通过大量历史经验数据样本分析发现，在全球市场的经济运行下，公司的内部资源配置会受到公司业务全球市场的经济运行的影响，并指出会存在一个最优解实现内容资源的优化配置。最后，他以我国台湾的公司作为样本进行了上述理论分析的实证检验得出，台湾公司在当前一定国际化市场的背景下，可以将研发支出适当的转移到营销活动中，这样可以有效提高公司获得的收益。Riffith 和 Harriso（2004）的研究从市场的角度出发，发现市场如果存在过度竞争，企业的科技研发活动就会减少，同样，如果市场中存在不完全竞争，企业的研发活动同样会降低。结论指出，过度或者是过低的市场竞争，都会影响到企业科技资源配置。Zohar Laslo 和 Albert I. Goldberg（2008）通过另一个全新的角度即在公司外部的市场不确定性的前提下分析，公司的项目研发是否会受到资源配置的影响。研究采用资源配置系统的动态模拟矩阵模型，通过实证方式，对企业的研发投入的预期收益进行了复杂而精准的计算，结果发现公司研发项目的投入情况不会受到外部市场不确定性的影响。

2.2.4 政府和市场对技术创新的作用

Pavitt（1976）认为，历史上政府在技术创新中扮演着重要的角色。政府干预技术进步（Abernathy 和 Chakravarthy（1979）），特别是"新型工业化国家和发展中国家已经建立了由政府干预来加速其创新"的模式（King 等（1994））。人们从创新的不同角度设法影响政府行为。不少学者将技术创新描述为政府或其他组织的某种集体行为（Funk 和 Methe（2001））。政府被当作能够激励多个不同利益团体参与到创新过程中的重要角色，确保他们的工作有机地结合在一起（Beerepoot 等（2007））。利益相关者理论假定创新是一种包括政府在内的不同利益相关者的社会技术过程。例如，Shin（2008）认为不同权益的利益相关者确定了技术采用。3G系统成功地在韩国部署被认为是韩国政府管理下利用工业利益相关者的利益和能力，建立起来的合作关系。行动网络理论是集体行动学院又一个分析工具（Lator（1996），Gao（2007））。政府是其中的关键角色，并招募其他角色进入一个自主创新的行动网络中。创新被看成是通过政府促成和维持的一个各类不同组织的行动网络（Gao（2007），Heejin 等（2006））。Guan J C（2006）研究了90年代我国从最初的经济转型时期以来，政府通过财政刺激影响企业的创新绩效。以大规模的调查1 000多家中国制造业企业为样本，实证结果表明，政府通过财政贷款和税收优惠等手段积极影响企业创新的经济表现。可是，直接拨款没有起到增强创新的经济作用，反而起到了反作用。这表明为促进中国制造业公司的技术进步，90年代，提出的中央计划资助制度是无效的。

Lundvall（2007）认为在不断发展的国家创新体系背景下，政府是国家创新体系的关键组成部分，可以作为协调者参与进来并指导弥补企业的不足。理解政府在合理的创新国家体系内的结构和功能上扮演的角色，能够支持国家的自主创新。这一理论有了许多应用实例，如Freeman（1988）提出日本已经建立了接触的国家创新体系，允许不同行业和研究机构有效地合作，并积极地投资于创新活动，最终使得这个国家成为世界创新的领导者。Borrás和Edquist（2013）提出的一系列文章均关注政府网络的出现。在广泛理论工具的帮助下，不少学者已经注意到政府在创新中扮演的重要角色。例如，政府可以帮助国内企业通过国家领导的技术标准联盟制定的标准；通过建立科技园区、介入与外国企业的专利谈判以及推动技术标准化的方式获得创新能力（Funk和Methe（2001））。Georghiou（2014）认为政府还可以通过政府采购、投资研发活动、培植发展服务业、介入私人部门竞争、促成不同利益集团的合作等方式来促进创新（Wang和Kim（2007））。在创新过程中，企业需要完成不同的任务，而且不同阶段的任务也有所不同，只有在政府干预的支持下才能确保创新成功（Montealegre（1999））。King等（1994）的研究认为创新任务包括知识建构、知识部署和知识动员。制度干预能够促进知识建构并持续创新。对于企业而言，加入标准制定并投资技术研发是企业的重大决定，这取决于市场上不同技术体系之间竞争的激烈程度（Funk和

Methe（2001））。创新项目的管理不仅仅要建立知识来源，为所需知识配备不同角色，还要调动其他投资资源（Baird（2007）），因此，应鼓励创新并在创新方面采取积极的措施（King 等（1994））。此外，政府在促进技术创新中,极大地促进了创新主体利益共同体各方之间的技术合作。

在国际竞争背景下，国家自主创新的主动性往往需要政府干预来弥补财政不足。例如，中国无线系统的发展实际上离不开由政府主导的国家研发项目基金的支持。在韩国，政府投入巨额资金促进技术研发（Choung 等（2011，2012））。同时，技术扩散需要企业的大量投资，这些企业大部分都是私人的。来自政府的资金投入是对自主创新持续支持的态度信号（Georghiou 等（2014）），能够促进企业参与到技术扩散过程中，并为技术生产和使用建立起行业价值链（King 等（1994））。如在韩国，政府持续的向国有控股企业的无限网络以及数字和广播系统注入资金（Choung 等（2012））。影响和政策分别是政府干预模式的"软方法"和"硬方法"。Borrás 和 Edquist（2013）在其研究中阐述说"软手段的特性是自愿的，非强制性的"。政府可以采用许多不同的管理手段，特别是中央宏观紧急调控，这是形成软性手段的重要组成部分。例如，韩国政府为了技术扩散的知识部署和动员，采用的教育和培训手段就是一种有效的策略（Choudrie 等（2003））。根据 King 等（1994）的研究，政府干预可行的影响模式是对参与创新的角色采取有说服力的间接控制和调节措施，而规则是通过制裁或控制着主体行为直接干预角色的行为。此外,还有干预的时机问题，即在合适的时间采取某种干预措施（Stephan（2003））。Romain（2004）同样把受到过政府补贴的公司作为研究样本对象，采用面板数据多元回归分析。研究结果表明，政府对于企业的直接性补贴、科技研发的项目扶持以及优惠的税收政策可以大大提高企业的研发活动的进度和效率，在此基础上，他对政府与企业相关的政策提出了具有指导性意义的建议。

目前对于政府科技投入与创新活动的影响关系尚未形成统一的学术结论，总的来说，可分为杠杆效应（陈钰芬等（2012））、挤出效应（杜浩（2013））和溢出效应（程华和赵祥（2009））。学者解维敏等（2009）认为不同行业政府科技投入所产生的影响效果各不相同，对于具有公共属性的行业，政府的科技投入才具有明显的正向促进作用；对于具有竞争性的行业，政府的直接科技投入效果不明显。许治、师萍（2005）提出政府对高校投入越多，企业得到的投入就越少，难免会造成资源配置的不公平。Martin 和 JohnT.Scott（1999）的研究表明，市场中的技术创新投入不足将直接影响企业的产品创新，尤其是知识产品的产出。

2.2.5 政府在科技成果转化中的作用

Barry、Bozeman 认为美国在科技成果转化方面实行的是"合作技术政策范式"。在这一范式中，政府扮演的是研究执行者的角色或者是经纪人的角色，在技术转移、转化方面起到了重要的作用。这个角色的主要任务是为工业企业提供应用性研究和技术，以及制定影响产业技术和创新的政策，为高校科研成果寻找市场，努力完善科技成果转化市场的法律法规。政府在科技成果转化中的作用在于对知识的重构。在知识构建和部署中，一个创新项目往往存在技术缺陷并且需要与可替代系统之间的决策做斗争（Angulo（2011））。原则上，一个向下兼容现有系统的新技术优于技术革命。从头开发革命性的创新比研发兼容性创新的系统面临更高的风险和不确定性。在扩散过程中，革命性技术的采用者需要昂贵的成本建立新市场（David（1994），Greenstein（1990））。即便如此，在赶超的情况下，国家仍可以选择革命性的创新路径。现存的供应商通常来自发达国家，控制着关键的技术和市场。他们并不想支持本地新进入者开发他们的自主系统,因为这就会威胁他们在这个国家的市场优势。技术类型的选择和发展阶段的技术路径能影响知识部署和扩散结果（Markus 等（2006））。知识构建基于特定的组织结构，例如一个共同体或任务小组。对于标准化角色的动员来说，有效地自主创新治理是至关重要的，因为它能确保不同角色之间的合作和知识部署（Markus 等（2006）和 Salmenkaita 和 Salo（2002））。具体而言，在研发阶段中，政府扮演着帮助识别不同但互补的创新项目所需知识的潜在角色，以完成知识建构这一挑战。在扩散阶段，一个关键的挑战是如何动员广阔范围内熟悉技术和市场的企业加入，为技术开发的商业化建立业务价值链（Markus 等（2006））。对于政府来说，形成一个适当组织结构设置，以帮助在创新计划中部署不同类型的知识是一个巨大的挑战。Borrás 和 Edquist（2013）对政策、经济转移和某些软性的政府干预手段做了分类。首先，政策手段背后的逻辑是"用政府意志识别交互作用的框架代替采用社会和经济的手段"。政策手段通常有法律、法规或行政指令的形成，等等。制定国家相关政策，政府可以限制或促进特定技术的使用和发展（Baird（2007））。

在国际竞争背景下，国家自主创新的主动性往往需要政府干预来弥补财政不足。例如，中国无线系统的发展实际上离不开由政府主导的国家研发项目的基金支持。在韩国，政府投入巨额资金到技术研发（Choung等（2011）；Choung等（2012））。同时，技术扩散需要企业的大量投资，这些企业大部分都是私人的。来自政府的资金投入是对自主创新持续支持的态度信号，能够促进企业参与到技术扩散过程中，并为技术生产和使用建立起行业价值链（King（1994））。如在韩国，政府持续的向国有控股企业的无限网络，以及数字和广播系统注入资金（Choung等（2012））。

2.2.6 科技成果转化因素研究

在科技成果转化因素方面，国内外学者做了较多的前期工作，一般来讲，影响科技成果转化的要素主要包括技术要素、资金要素、政策要素、市场要素等（Ramaciotti（2014））。

Dayasindhu（2002）认为知识在创新主体之间实现了显性的转移，从而为转移创造各种新知识提供了条件，也为进入市场的新产品、新技术的产生奠定了基础。特别是，知识企业的类型共享对创新水平的提升与否也有很大的影响。与其他创新主体（企业）共享知识，能够使彼此之间保持密切联系，这对任何企业的技术创新都产生了很好的效果。由此可以推断，这种隐性知识对于创新主体可能更为重要。Cavusgil等（2003）也在研究创新能力较好的美国制造企业创新能力时提出了同样的观点，知识共享以一种隐性形式存在于美国制造业和服务业企业之间，由于知识转移而产生的新知识能够更好更快地适应新产品、新工艺的产生流程，更好地利用和配置现有资源，从而能够生产出更多的新产品。在这一过程中，加强对人员的培养十分重要，需要培养出能够更快适应新的知识转移和创造方式的人员，提高人在知识转移为创造力，形成新产品、新工艺和新技术方面的能力（刘希宋等（2009））。技术转移形成的知识是否能够反复应用主要在于以下两个方面：其一，由于技术转移是一种以隐性形式存在的知识，因此应用起来并不容易，应该将知识固化在新的知识载体中，例如新产品（Eberhart等（2004））；其二，创新主体中的人员通过这种方式快速进行决策，并完成新产品向市场输送，这种技术转移到科技成果扩散的途径十分快速，容易重塑知识形成的过程。

国外学者指出科技成果转化受多种因素的影响，主要有投入、人才、技术、科技中介机构、服务、政策、经济环境、体制机制等。Gilsing 等（2011）也指出产业差异对技术转移成功与否有着重要的影响。Steffensen 等（2010），Rothaermel 和 Thursby（2005）认为激励制度、补偿体系和知识产权保护政策是对技术转移有绩效的作用机制。Smith 和 Powell（2003）、Siegel 等（2003）认为网络构建对大学技术转移绩效有驱动效应，Xu 等（2011）、Foltz 等（2000）分析了大学的异质性对技术转移绩效的影响效应，Markman 等（2005）、Chapple 等（2004）、Thursby 等（2011）分析了技术转移过程中的模式差异及其对转移绩效的影响。Thursby 等（1975）认为发明持有人的异质性、大学所在的区域特征和产业环境特征对技术转移绩效有影响。Nevens（1975）等指出，企业尤其是新企业的成败取决于其是否在科技成果商品化上做出了巨大的努力。Thursby 和 Kemp（2002）、O'Shea（2005）、Chang 等（2006）都分析和验证了人力资源在技术转移中的重要作用，且认为人才素质是提高技术转移绩效的最重要的要素。Das（2007）通过实证分析，提出人力资源对科技成果转化率具有重要影响。Chang 等（2006）认为产业基金等财力资源支持是技术转移中的重要要素。刘家树和菅利荣（2010）通过 Tobit 回归发现政府资金支持、R&D 研发经费等是影响科技成果转化的作用因素；Gilsing 等（2011）认为专利和行业知识是技术创新的关键要素，专利有利于基于自有技术形成固定产品（Lichtenthaler 和 Ernst（2012））。还有一些学者认为跨学科研究对于技术转移也至关重要。此外，国外学者采用了大量的定量分析，对技术转移关键要素进行深入分析验证，如 Landry（2007）、González-Pernía 等（2013）、Ramaciotti 等（2014）。Chapple 等（2004）、Anderson 等（2007）和 Ho 等（2013）采用 DEA 方法，O'Shea（2007）、Swamidass（2013）和 Guerrero（2014）采用了案例分析方法等。

我国学者从国内科技成果转化的实际情况出发，对科技成果转化的影响因素进行了较多研究。李文波（2003）认为，研究机构、企业的特点、技术转移中介机构、经济环境、国家政策是影响我国大学和科研机构科技成果转化效果的主要因素，企业技术能力、融资服务体系、科技成果转化经验、人才等也会影响科技成果转化的效果；柳卸林等（2012）

认为技术转移的关键是人、技术、资金、市场四大要素的紧密配合，成功的技术转移是这四种要素非线性耦合和动态匹配的结果；郭强等（2012）提出影响科技成果的特性、转化意愿、关系信任、吸收能力、传授能力、转化能力等内部因素，以及科技中介服务能力、政策与制度促进和社会文化塑造等外部因素是影响科技成果转化的关键要素。范柏乃和余钧（2013）认为人员投入即科技活动人员数量、企事业单位资金投入即企事业单位科技经费拨入、地区经济发展水平对高校技术转移有着显著的正向影响，企业吸收能力即大中型企业R&D投入、政府资金投入对高校技术转移有着负向影响。

2.3 已有研究启示

国内外学者对于科技资源的配置规模、结构和方式进行了较多研究，对于科技资源配置的实证研究多基于过程模型，实证研究对象主要为多元化企业。对于科技资源配置问题的研究也多偏重于企业的实际应用，目标在于对企业研发资源的优化配置。而这些研究的主题与我国的实际国情相比还是有很大差距的。

一是当前我国创新基地建设面临前所未有的环境变化，迫使创新主体重新审视其持续竞争优势的来源。动态能力理论为如何适应新的形势背景要求，探索创新基地在动荡变化的环境中实现不断成长的途径提供了重要依据。动态能力是一种过程能力，它既包括原有创新主体的组织能力的递进过程，也包括监控和适当调整原有能力的过程，同时还包括组织、自觉学习的过程。就我国创新基地而言，在科研方式、技术创新、经营模式、产业业态不断变革的今天，动态能力理论为我国创新基地发挥后发优势——追赶国外成熟创新模式提供了新的思路。

二是国内外学者较少以国家创新基地为研究对象来阐述科技资源配置对技术创新的作用机制问题。企业一直是国外发达国家科技创新的主体，在提高一个国家的总体技术创新能力中扮演着十分重要的角色。而对于我国而言，科技创新基地是特殊也是极为重要的创新载体，往往在提高技术创新能力、建设国家创新体系过程中处于核心位置，创新基地科技资源的配置能力直接影响了国家技术创新能力的提升。因而，从我国创新基地的建设需求出发，研究科技资源配置对创新基地技术创新能力的影响是对已有研究的有益补充。

三是科技资源配置研究多集中在科技资源规模、结构和模式，以及科技资源对于整体绩效的影响，而各要素之间的协同作用对于整体绩效的影响研究较少。科技资源配置过程是动态的，各要素之间的配置作用显得尤为重要。国内外对于资源配置大多从多视角进行探索，他们大多数回答的是应该怎么做的问题，对于科技资源配置路径以及如何优化配置路径等问题就很少涉及。

四是在我国现有体制和实施创新驱动战略背景下，如何正确处理政府和市场关系是当前建设创新型国家的重要问题。目前国外学者对于这方面的研究多停留在基于企业样本数据的施政分析阶段，还没有提出成体系的研究理论，况且由于我国科技和经济体制与国外存在很大不同，国外学者在市政方面的研究结果对于我国开展创新发展活动的借鉴意义不大。特别是将科技成果转化纳入创新体系过程的研究更是不多。在完全市场经济体制下，科技成果转化完全是个市场活动，在市场经济的供求机制、价格发现机制、交易机制基础上实现向现实生产力的转化应用。但是，在现实中并不存在完全的市场经济，在世界各国市场经济运行中，发挥政府能动作用也是必要之举，特别是金融危机以来，政府对经济运行的干预更加明显。我国实行的是有中国特色的社会主义市场经济体制，也不是完全的市场经济体制。在促进科技成果转化过程中，既有市场发挥基础性作用，也有政府的能动作用，发挥两者的优势，是我国促进科技成果转化的体制特色，也是世界各国对于促进科技成果转化的现实选择。然而，对于政府和市场在科技成果转化阶段，在优化科技资源配置及提高技术创新能力的过程中，如何处理好政府和市场的作用关系，目前还没有相关的研究。本书将深入分析政府和市场在科技成果转化前和科技成果转化后，对技术创新能力关系的调节作用，并通过实证检验得出结论，探索其深层次原因，同时提出政策建议。

总体而言，国内学者对于科技资源配置的研究，多处在宏观政策和理论概述方面，在实证分析方面所采用的指标和采样数据也仅限于宏观层面的数据，而对于创新基地——我国特有的创新载体的实证分析目前还没有。随着创新基地建设在国家创新体系建设中扮演越来越重要的作用，研究和探索政府职能和市场调控作用如何在创新基地的科技资源配置中发挥作用，政府和市场在科技资源配置和促进技术创新过程中，发挥的作用是正向的还是负向的，在科技资源促进技术创新过程中，是否还存在其他路径，科技成果转化是否是提高科技资源配置效率和技术创新能力的重要途径，这些都将是本论文研究和解决的重点问题。

2.4 本章小结

本章在重点对资源基础理论、动态能力理论、政府失灵和市场失灵理论的理论基础和框架进行阐述和说明，总结了相关学者研究成果以及存在的不足的基础上，界定了本书主要的研究范围。在接下来的三章中，本书将通过案例研究、理论分析和实证检验的方式来研究创新基地科技资源对技术创新能力的作用机制和路径。

3 国内外创新基地建设现状

本章详细阐述了主要发达国家创新建设经验，以及我国创新基地建设的主要载体、取得的成效，选取国家工程中心作为实证分析对象，对国家工程中心功能定位、发展历程、总体运行机制进行了详细介绍，通过典型案例分析对本书的基本模型构建进行了探索分析。

3.1 主要发达国家创新基地建设经验

主要发达国家非常重视创新基地建设，持续部署和重点支持了学科交叉、综合集成的科学研究实验设施和创新基地。这些创新基地为提升国家整体创新能力，抢占竞争制高点发挥了重要作用。

一是政府高度重视，强调国家目标，突出公共科技创新的战略地位与作用。发达国家创新基地的建设充分体现了国家意志，服从于国家发展战略。这些创新基地从事的研发工作具备大规模、高风险、周期性长的特征，涉及经济社会发展和国家安全等重大问题，涵盖了基础性与前瞻性研究、开发与创新工作。成立于1943年的美国橡树岭国家实验室就是在二战期间为了曼哈顿计划而设立的，成立于1946年的阿贡国家实验室是在曼哈顿工程和芝加哥大学冶金实验室的基础上发展起来的。随着社会经济发展，国家实验室的任务不断调整，橡树岭实验室的任务从20世纪50、60年代的核能、物理及生命科学的相关研究发展到当今的中子科学、能源、高性能计算、复杂生物系统、先进材料和国家安全。日本书部科学省从2007年开始实施"世界顶级水平研究所计划"，政府每年投入约100亿日元的资金，在生命科学、化学、材料科学、电子工学、情报学、精密、机械工学、物理学、数学等领域构建跨领域融合的世界顶级水平研究所，并提出了"世界顶级的研究水平""跨领域融合的创新能力""国际化优越的科研环境"及"实现研究机构的改革"四个目标。

欧盟为了保持在若干领域的技术领先地位，按照自身特点，设立联合研究中心，实施相关计划鼓励多国合作，加强大规模基础研究设施的建设，促进基础设施的共享。

二是功能完整、规模大、综合性强。国外先进的创新基地具有规模大、综合性强的优势，有效地发挥了科技创新的聚集效应。美国橡树岭国家实验室占地58平方英里（约合150平方千米），现有雇员4 600多人，其中包括3 000名科学家和工程师，每年有客座研究人员大约3 000人，年度经费超过14亿美元。阿贡国家实验室有雇员3 200名，包括大约1 000名科学家和工程师，实验室每年的运行经费约为6.3亿美元，支持研究项目超过200个。此外，欧洲核子研究中心（CERN）和日本高能加速器研究机构（KEK）也都是随着科技发展的需要而建立的。CERN现有20个成员国，雇用近3 000人，世界上的粒子物理学家约有6 500人曾到CERN访问。凭借完整功能和综合性强的优势，发达国家的创新基地在科学发展、国家经济社会发展和科学人才培养中发挥了重大作用。

三是开展重大基础研究和应用研究。由于拥有良好的科研环境、实验条件及研发的骨干力量，创新基地承担着大量的国家或地区的基础研究和应用研究。美国国家实验室大约承担着全美全部基础研究的18%、应用研究的16%和全部技术开发的13%的重任，其研发人员约占全美科学家和工程师队伍的8%。这些国家实验室基于先进的研究设施，开展前沿科学研究，不仅取得了许多突破性的科研成果，为一些基础学科的发展奠定了基础，而且吸引和集聚了大量的优秀研究人员，成为诺贝尔奖获得者的摇篮。英国的卡文迪什实验室对气体导电的研究促使电子的发现；放射性的研究促使α、β射线的发现；正射线的研究促进了质谱仪的发明，进而发现了同位素。这些成果使该实验室涌现出了20多位诺贝尔奖获得者。

四是组织开展高水平的技术转移和技术扩散。技术转移和技术扩散是创新基地实现服务国家目标的重要手段之一。1974年美国成立了面向技术转移的联邦实验室联盟（FLC），它是国家实验室将其技术成果与市场相联系的全国网络，有效促进了技术转移和成果转化。迄今，包括国家实验室在内的数百家研究机构以及它们的上级部门或机构成为FLC的成员。欧洲核子研究中心（CERN）在其内部建立了技术转移部，并建立了非常完备的技术转移网络。欧盟成立了欧洲商业和创新中心，通过构建全球范围的公立技术转移中心和孵化器网络，协助欧洲大型研究机构，如航空航天署的技术向民用和商业转移。

五是拥有科学合理的运行机制与管理模式。发达国家在治理结构、机构设置、激励约束机制、外部合作等方面，建立了一整套行之有效的创新基地管理制度。创新基地实行董事会领导下的主任负责制。国家实验室设立的董事会拥有对国家实验室管理的最终决定权。政府拥有、承包商（如大学等依托单位）管理的国家实验室的主任人选由依托单位董事会及参加的国家职能部门共同确定后，由依托单位负责人任命。实验室主任由主管部门或托管机构在全球范围内选聘，任期根据其业绩和有关法律规定来确定。实验室根据研究方向下设研究小组，各小组负责人对实验室主任负责。工作人员采用合同制，科研人员的安排采用项目矩阵（项目团队）管理模式。

国外创新基地采取目标任务合同制管理模式，根据合同中签订的绩效指标对创新基地进行考核。上级主管机构设有专门的评估办公室，通过一系列的政策和程序来加强对创新基地的管理和运行。在合同有效期内，通过每年评估，有效保障其科技发展目标的实现。

综上所述，发达国家的创新基地十分注重与大学、研究机构、产业界的合作，在发挥各自优势的基础上，实现优势互补，共同解决学科发展前沿和关系经济社会发展及国家安全的重大科学问题。主要合作形式包括合作研究与开发、资助研究、设备开放与技术服务等。在开展广泛合作的同时，政府和国家实验室均鼓励对内对外的有限竞争。虽然创新基地的经费主要源自政府拨款，但部分政府研究项目仍须通过竞争途径获得，其他经费来源还包括企业的技术开发经费。

3.2　我国创新基地建设情况

3.2.1　我国创新基地主要载体

关于创新基地的理解，学术界主要有几种不同的认识。一是载体论，认为创新基地是集成创新资源的重要载体，是开展科研活动的主要条件和物质基础，是承接项目、培养高层次人才、开展国际合作的依托单位；二是体系论，认为创新基地是国家创新体系的重要组成部分，更是核心依托力量；三是能力论，认为国家自主创新能力建设"十一五"规划指出的"创新基地"作为创新基础能力的构成部分，是与研究试验体系、科技公共服务体系、产业技术开发体系、企业技术创新体系等共同构成自主创新能力的物质支撑体系。本书所界定的创新基地是为实现国家、区域及产业发展目标，在某一特定经济与技术领域具备较强创新功能及持续发展能力的创新组织（系统）。从组织形态看，创新基地主要是依托高校、科研院所和企业建设的各级实验室和工程（技术）中心等。这些新基地在本领域内具备较强的学科优势和持续创新能力，通过从事或组织重大创新活动，在研究开发、技术开发与工程化试验、成果转化、产业化等创新活动中发挥了重要作用。

国家创新基地是统筹基地、人才、项目协调发展和集成的重要载体。国家创新基地具有人才集聚优势，是创新人才特别是领军人才和高水平工程技术人才的培育基地。国家主要通过重大科研项目安排支持国家创新基地发展，而聚集、培育创新人才和充分发挥创新人才的作用，又是国家创新基地完成重大创新任务的重要基础。因此，基地、人才、项目的统筹协调成为国家创新基地必须具备的管理运行机制。据初步统计，目前国家级创新基地有 20 多个类型，数量超过 2 500 个，见表 3-1。

表 3-1　国家级主要创新基地基本情况（截至 2013 年）

类型	名称	总量	启动时间	主管机构
研究试验基地	国家重点实验室	374	1984	科技部
	国家实验室（筹）	6	2003	科技部
	知识创新工程基地	10	1999	中科院
	大科学工程	38	1984	发改委、中科院
	野外科学观测台站	105	2006	科技部、中科院
技术开发与工程化基地	国家工程技术研究中心	332	1992	科技部
	国家级企业技术中心	575	1993	发改委、科技部
	国家工程实验室	125	2006	发改委
产业化基地	国家级科技企业孵化器	279	1987	科技部
	国家级生产力促进中心	125	1992	科技部
	大学科技园	86	1999	科技部
	农业科技园	36	2001	科技部

续表 3-1

类 型	名 称	总量	启动时间	主管机构
产业化基地	技术转移示范中心	143	2008	科技部
	火炬特色产业基地	169	1997	科技部
	软件产业基地	34	1995	科技部
	国际科技合作基地	85	2007	科技部
	863 产业化基地	237	2002	科技部
	国家级高新区	83	1992	科技部

3.2.2 我国创新基地建设取得的成效

国家科研基地和科技平台汇聚国家高水平研发队伍和优质科技资源，是推动科技创新、提高自主创新能力、实施创新驱动发展战略的重要物质基础，是国家创新体系的重要组成部分。

一是创新基地已成为优势科技资源的聚集地。创新基地是应对我国科技和经济社会发展的形势要求，具有较强国际竞争力，注重技术创新，有较强的示范、带动和辐射能力的科技创新重要载体。伴随着科技和经济体制改革，我国已经陆续建成了多层次、多结构的创新基地，实现了科技资源优化配置，提升了自主创新能力，支撑了经济高速发展和提质增效。科技部、发改委、教育部、工信部等国务院有关部门通过组织实施国家科技主体计划、知识创新工程、技术创新工程、985 和 211 工程等重大计划与工程，形成了覆盖主要学科领域和行业（包括研究试验、技术开发与工程化、科技成果辐射、扩散到产业化）的较完整的创新基地框架体系。如我国已经建设了上海光源、郭守敬望远镜、重离子加速器、全超导托克马克等 38 个先进的重大科技基础设施和 390 个国家重点实验室等骨干研究基地。据不完全统计，截至 2014 年底，国家科技基础条件平台已整合约 4 万台 50 万以上大型仪器设备信息；整合农业、气象、地震、人口健康、海洋、交通、先进制造等领域 32 大类科技资源数据库共计 5 万余个，数据总量超过 700TB，盘活了各行各业多年积累的大量宝贵存量数据；整合农作物种质、微生物菌种、标本、林木种质、标准物质、水产种质、实验细胞、家养动物种质等资源超过 1 000 万份；整合各类野外观测研究实验台站 83 个，样地及实验试验场近 700 万平方米、各类材料产品及构件试样超过 12 万件；整合中外文科技文献近 30 万种、标准文献 170 万份；整合计量科技资源 2.6 万项、264 家应急分析测试机构；数字科普资源达到 5.6TB 等。

二是创新基地提高了科技资源的开放共享和利用效率。2012 年度，国家重点实验室 30 万元以上设备，每台每年由本实验室研究人员使用的总时间为 1 459.9 小时，而非本实验室工作人员使用的总时间达到 638.5 小时，不仅履行了科技资源共享的义务，而且设备的机时率达到 116.6%，提高了科技资源的利用效率，国家科技平台资源开放共享取得显著成效。

三是创新基地促进了战略性新兴产业的培育和传统产业的优化升级。国家重点实验室、国家工程中心等创新基地面向国家战略需求，广泛支持了一批基础研究、战略高技术研究和产业重大关键共性技术的研发与成果工程化。如国家橡胶与轮胎工程技术研究中心开发了数字化轮胎全系列成套装备、高性能子午胎模具等一批行业共性、关键技术，通过孵化河南好友轮胎等 20 多家高档子午胎企业、伊科思新材料股份有限公司等一批新材料企业，加速了橡胶与轮胎相应技术及装备的发展和升级。如移动通信国家重点实验室联合有关单位针对国际移动通信科学领域共同面临的难题，创造性地提出了宽带移动通信系统解决方案，并率先将多项成果推向工程实践和大规模产业化应用，已产生了显著的经济与社会效益。国家农作物种质资源平台、国家生态系统观测研究网络等 6 个平台分别制定开展了"面向中西部区域重点农业产业""面向重点种子企业""面向主要产粮区粮食生产安全""黄淮海平原生态化现代农业技术示范推广"等产业服务计划。其中黄淮海平原生态化现代农业技术示范推广服务，向农民提供技术服务后，每亩可增收 180 元，节支 125 元，增加了农民的产粮收入。

四是创新基地为国家重大科技创新提供了有力支撑。在人口健康方面，病原微生物生物安全国家重点实验室构建的新发传染病综合防控技术体系，在新发传染病防治实践、突发疫情应急和重大活动保障中得到应用，为提高人民健康水平、维护国家安全、保障社会稳定和经济持续发展发挥了作用，该研究成果获得 2011 年度国家科学技术进步一等奖。2011—2012 年，23 个经认定的国家科技基础条件平台共为 606 个科技重大专项项目（课题）提供了资源共享服务；科技基础条件平台为三峡工程、青藏铁路、西气东输、南水北调、载人航天、"天宫一号"空间站等近百项国家重大工程建设项目提供数据和技术支撑。2013年，国家科技基础条件平台服务国家重大科技专项、国家重大工程项目（课题）以及各级各类科技计划项目（课题）1.2万余项，同比增长70%。国家材料环境腐蚀野外科学观测研究平台通过对冷凝器干燥组件的环境谱加速腐蚀试验和在轨寿命的评估，为保证"天宫一号"的按时发射提供了基础，为今后我国长期空间站材料寿命评估打下良好基础。如在资源与环境领域方面，国家环境光学监测仪器工程技术研究中心研制出微量振荡天平（TEOM）法大气颗粒物自动监测仪，实现了大气颗粒物PM10和细粒子PM2.5监测设备的国产化和产业化，目前已在北京、安徽、江苏等地安装了280多套大气颗粒物自动监测仪，为我国城市空气质量监测和预报特别是PM2.5监测提供了设备保障。天河二号是国家863计划和"核高基"国家重大科技专项项目，峰值运算速度54.9PFlops（5万万亿次），实际运算速度33.86PFlops，天河二号在异构体系结构、自主高速互联网络、高性能系统软件栈、并行编程模型与应用优化等方面处于国际领先水平，成为集高性能计算、大数据分析和云计算于一体的世界一流超算中心。

　　五是创新基地培养和造就高素质科研人才和队伍。依托一流、优质的科技资源和创新条件，各类科技基础条件平台汇聚和培养了大批高素质、专业化和具有全球视野的战略科学家和工程师队伍。据统计，国家工程中心技术带头人中90%主持或参与了国家重大科技计划项目，95%获得过国家或省部级奖励，一大批技术带头人在工作中走上管理领导岗位，或成为具有国际视野的战略科学家。国家重点实验室汇聚了相当比例的两院院士、杰出青年等高层次研发人才及一批创新研究群体，目前国家重点实验室固定人员总数2.65万人，占全国基础研究人员总数的15%和R&D人员总数的0.9%。2013年新增53名中国科学院院士和51名中国工程院院士中，属于国家重点实验室固定人员的分别有33名和16名。国家科技基础条件平台共整合参建单位708家，包括各级各类科研院所574家、高校99所和部分企业。涉及教育部、卫计委、农业部、中科院、国家质检总局、国家林业局等20余个部门、地方和企事业单位，分布在全国31个省，培养了近万名的专业化实验人员。据初步统计，国家科技基础条件平台从业人员近10 000人。如国家材料环境腐蚀野外科学观测研究平台包括研究员 363 人、副研究员 385 人、其他观测辅助人员 208 人，专职人员所占比率超过了 80%，建立了一支 300 人左右的大学本科以上学历的青年科技骨干研究队伍，其中具有博士学位的研究人员达到了 9%，硕士学位的研究人员达到了 25%。

3.2.3 国家工程技术研究中心建设情况

改革开放以来，我国科技和经济"两张皮"问题严重，产业共性技术基础薄弱，技术流通机制尚未建立起来，制约了创新主体向外广泛扩散技术。长期以来，我国的技术进步将重点放在如何更灵活有效地引进新技术上，或者直接投入资金资助科研院所、高校、乃至企业进行技术研发，或者将人力、物力、财力放在扶持关键技术和有市场价值的项目上，对促进创新主体提高创新能力非常重要的共性技术研发重视不够。为培育共享技术研发创新主体，建立产业技术研发创新体系和运作模式，我国政府于 1992 年开始建设国家工程中心。经过 20 多年的建设与发展，国家工程中心经历了从无到有、从初建到蓬勃发展的过程，可以说国家工程中心的发展历程是伴随着我国计划经济体制向市场经济转变、改革开放和自主创新成长起来的，是一个不断探索和完善组织管理机制和运行服务模式的过程（Salmenkaita 和 Salo（2010））。从某种意义上说，国家工程中心体现了我国的技术创新能力。

国家工程中心主要从工程技术研究开发、优化管理模式、牵头制订标准、提升对外服务能力、加强成果转化等几方面开展具体工作（图 3-1）。国家工程中心着重研究本行业工程技术领域中的共性、关键技术，解决行业发展的瓶颈问题，不断优化管理模式，促进成果的转化和推广，培养高水平技术人才，扩大中心辐射作用和范围，提高竞争力，引领产业结构升级。经过多年的努力，国家工程中心抓住国家大力发展基础设施和创新基地建设的大好时机，以国家重大工程项目为背景，组建跨学科、跨单位、跨区域的研发队伍，开展广泛的技术研发和工程应用研究，在核心技术方面达到国际领先水平，构建具有特色的工程技术体系，为经济建设发挥了重大作用，产生了较大的经济效益和社会效益。本书将国家工程中心作为实证分析的主要对象，分析研究科技资源配置对技术创新能力的影响关系。

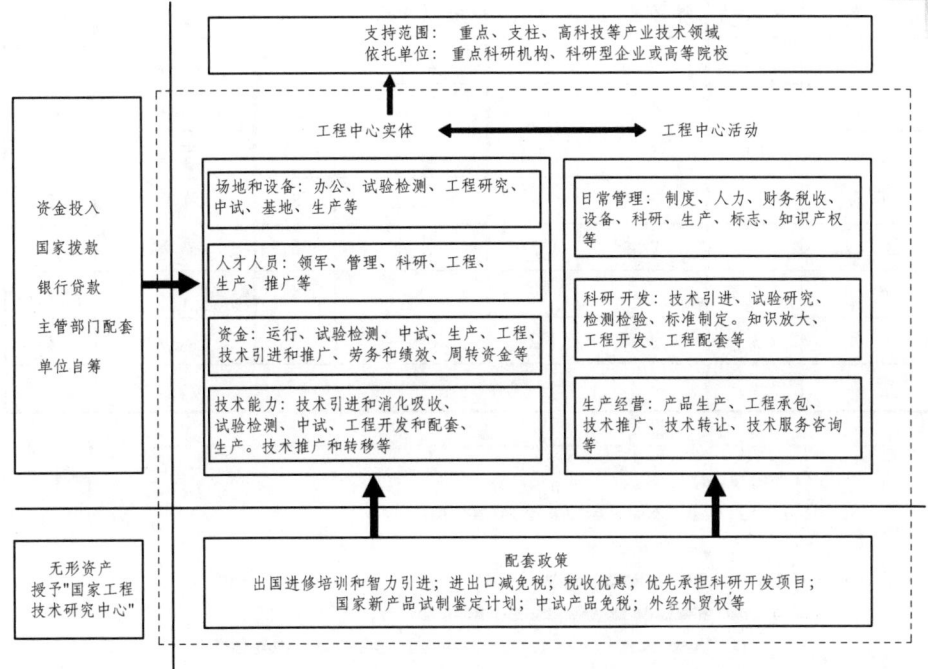

图 3-1　国家工程技术研究中心功能结构图

截至 2014 年年底,通过科技部正式批复的国家工程中心共计 332 个(加上分中心为 345 个),分布在全国 29 个省、自治区和直辖市,包括分中心在内的 345 个国家工程中心分布在东部地区 217 个、中部地区 68 个、西部地区 60 个,分别占国家工程中心总数的 62.90%、19.71%和 17.39%(表 3-2)。围绕国家重大科技创新和民生科技需求,国家工程中心在高新技术、社会发展和农业领域中的 9 个主要技术领域进行布局,其中高新技术、社会发展和农业领域组建比例大致为 2∶1∶1。从具体数字来看,73 个属于农业领域,47 个属于制造业领域,36 个属于电子与信息通信领域,63 个属于新材料领域,37 个属于能源与交通领域,22 个属于建设与环境保护领域,16 个属于资源开发领域,37 个属于轻纺与医药卫生领域,1 个属于文物保护领域,如图 3-2、图 3-3、图 3-4 所示。

表 3-2 2013 年各省市（自治区）国家工程技术研究中心数量

省（市）	个数	省（市）	个数	省（市）	个数	省（市）	个数
北京	65	山东	34	江苏	29	广东	22
上海	20	湖北	17	四川	16	湖南	14
浙江	14	辽宁	12	重庆	10	天津	10
河南	9	安徽	8	江西	8	陕西	7
黑龙江	7	吉林	5	甘肃	5	福建	5
新疆	5	河北	4	贵州	4	云南	4
广西	3	海南	2	内蒙古	2	宁夏	3
青海	1						

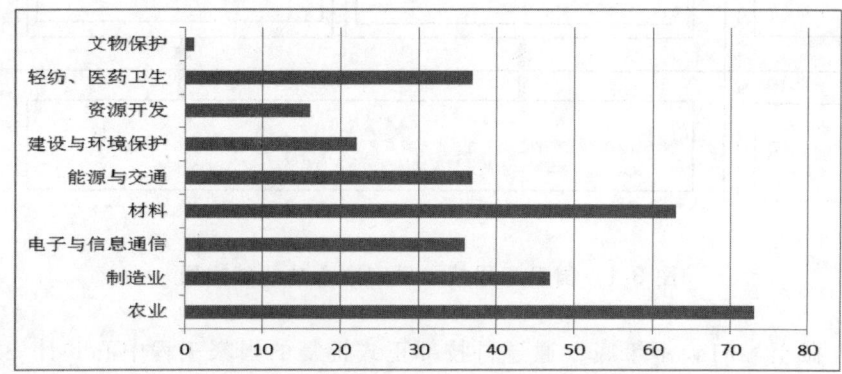

图 3-2 按技术领域—国家工程技术研究中心分布情况

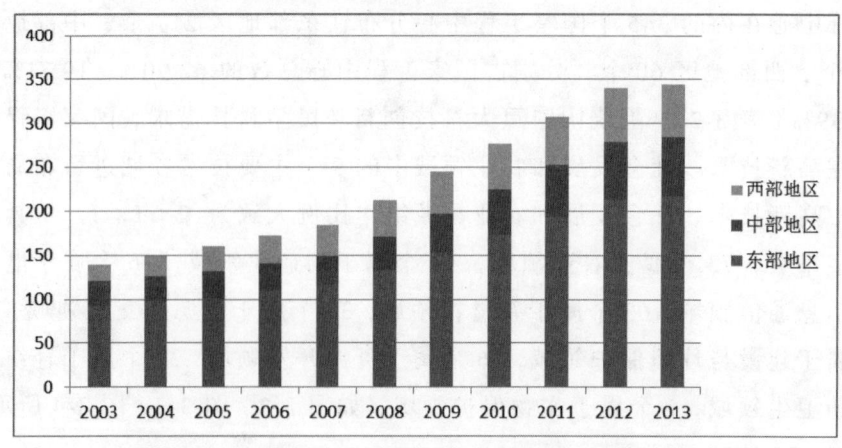

图 3-3 按区域—国家工程技术研究中心分布图

国家工程中心的运行机制大致可分为企业化运行、事业化运行和混合运行三种。截至2013年底，包含分中心在内的345个国家工程中心，具有企业属性的有186个、事业属性的有148个、企事业双重属性的有11个，分别占国家工程中心总数53.9%、42.9%和3.2%。其中：随依托单位转企45个，依托民企47个，依托院校98个。

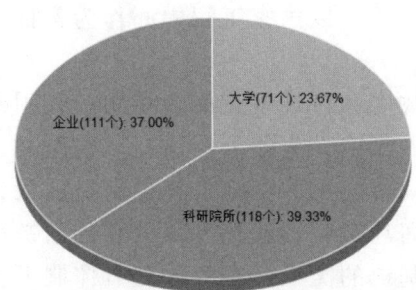

图3-4 按依托单位性质—国家工程技术研究中心分布情况

3.3 样本选择和数据处理

3.3.1 样本选择

本书选择了国家工程中心作为实证分析对象，通过对国家工程中心的实证分析，对我国创新基地的科技资源配置问题，以及政府和市场在优化科技资源配置，提高技术创新能力建设过程中所发挥的作用进行研讨。之所以选择国家工程中心作为创新基地的代表对象，原因在于：

（1）覆盖创新链条较多环节。目前我国各部门通过组织实施重大计划与工程，形成了覆盖主要学科领域和行业，包括研究试验、技术开发与工程化、技术转移到产业化的较完整的创新基地框架体系。这些创新基地大多具有较强的专业性，主要承担创新链中某一环节的创新（或支撑服务）活动，如研究开发、实验观测、中试、推广示范、产业化及创新服务等，服务范围从本地、区域甚至覆盖到全国。国家工程中心是在众多创新基地类型中，覆盖产业链、创新链较多环节的创新载体。在国家工程中心建设序列中，有一些是依托大学和科研院所组建的公益类国家工程中心，通过改进实验条件，引进领军人才，将科研活动、学科建设和团队发展相结合，形成集聚创新资源、承担国家重大科技任务的开放式创新基地，同时围绕重大基础研究问题开展工程技术研发和科技成果转化；此外，依托龙头企业组建的企业类国家工程中心，则具备大规模组织实施成果转化的能力，能够面向行业需求进行技术扩散，形成具备国际竞争力的高新技术产业，带动地方、行业创新基地发展和全社会科技创新；从产业链角度上看，企业类图像工程则将技术扩散从研究开发阶段延伸到产业化、市场化阶段，因此，以国家工程中心作为实证分析对象具有一定的典型性。

（2）更多体现了政府和市场双重配置作用。我国众多的创新基地按照产业链和创新链所处环节，大体分为研究试验基地、技术开发与工程化基地和产业化基地。研究试验基地处在创新链前段，技术开发与工程化基地处在创新链中间环节，产业化基地处在创新链后端。工程中心属于技术开发与工程化基地的类型。在我国现有体制下，研究实验基地偏重科学问题研究和基础研究，重要任务是揭示自然规律，获取新知识、新原理、新方法，培育和支持新兴交叉学科，解决一批国家经济社会发展中的关键科学问题，目标是提高我国原始性创新能力，积累智力资本，不需要考虑研究成果的产业化和市场化问题，因此，在这个阶段，主要采用政府配置科技资源的方式；对于产业化基地，则更多应以市场需求导向为主进行科技资源配置，因此，只有处于中间环节的创新基地，更多需要政府和市场共同配置科技资源，从而实现国家目标和能力发展建设。因此，将工程中心这类创新基地，用于分析政府和市场对于科技资源配置的作用，更具有代表性。

（3）依托单位类型多，实力雄厚。多年来，国家工程中心已经成功探索出在社会市场经济条件下的科技成果转化机制，形成了一批代表国家实力、代表产业发展方向，具有较强市场化意识、研究能力和转化能力的国家队。国家工程中心的依托单位多是科技实力雄厚的重点科研机构、科技型企业或高校，无论在科研实力、行业影响力还是市场份额方面都是行业中的佼佼者。例如，依托南车青岛四方机车车辆股份有限公司组建了国家高速动车组总成工程技术研究中心，依托华为技术有限公司组建了国家宽带移动通信核心网工程技术研究中心；依托高校优势专业学科，山东大学组建了家辅助生殖与优生工程技术研究中心，首都医科大学附属北京同仁医院组建了国家眼科诊断与治疗设备工程技术研究中心等，从某种意义上说，国家工程中心体现我国工程技术研究队伍的最高水平。

（4）国家工程中心在技术领域范围具有唯一性。在国家工程中心认定条件中，技术领域的唯一性是论证的必要条件。也就是说，在某一个关键共性技术领域，只能建设一家国家工程中心，在评审论证环节，国家工程中心技术领域的研究内容是否具有较多的重复、交叉是必须论证清楚的关键问题之一。例如国家电动客车整车系统集成工程技术研究中心，其技术领域的确定含义为：电动客车主要是研究"纯电驱动"为主的电动客车技术，包括纯电动客车、插电式混合动力客车。电动客车整车系统集成技术是指以研发安全、高效的电动客车产品为目标，进行电动客车整车结构设计与匹配、电驱动系统集成与优化、电子信息与智能控制以及整车安全管理的多学科的系统集成技术。在当前科技创新范围不断扩大，科技创新活动不断进行融合、交叉的情况下，国家工程中心在技术领域的唯一性为其"国家队"地位的奠定提供了强有力的支持，这也在另一个层面体现了国家工程中心技术领域覆盖全面，涵盖了当前科学问题研究和科技研发的各个环节。从其技术领域和产业引领发展的角度看，选择国家工程中心作为样本具有一定的代表性。

当然，由于我国创新基地载体类型众多、跨越的创新链环节众多，因此以国家工程中心作为实证分析对象所得出的验证结论具有一定的局限性，验证结论不一定在偏重创新链前端的国家（重点）实验室方面适用，但国家重点实验室本身的政策支持方向较为明确，基础学科研究是真正需要国家不断持续、稳定投入支持的对象，且其创新能力的体现也较为简单，更多地体现在高水平论文的发表上，对于经济效益方面的产出没有过多要求，其科技成果转化和市场手段介入等问题需要探讨得不多，因此也不是本书讨论和结论适用的重点对象。

3.3.2 数据处理

本书的数据来源于已经认定的 2009—2012 年国家工程中心发放的调查问卷（见附录）的基本数据。以问卷调查方式收集的数据为基础，结合国家工程中心年报统计数据，论证了影响模型中各要素之间的影响关系，并根据检验结果对变量进行纯化，对检验结果进行讨论。在问卷设计的流程上，在调查访谈和与各个国家工程中心主管部门沟通的基础上，形成初始调查问卷框架；与国家工程中心各领域技术专家和管理专家学者进行深度咨询和征求意见，在已有问卷调查框架基础上对问卷各个具体调查内容进行讨论和修改；最后通过小规模发放测试进一步完善具体调查内容。

调查问卷通过发放政府文件形式进行数据收集。在问卷的填报过程中，及时回复各个国家工程中心的相关问题。对于回收问卷，首先进行删减，对于连续几年问卷部分内容都填写一样的数据或者只填写了极小一部分的问卷，则视为无效问卷。为保证样本质量，对于回收的数据进行了处理，删除了成果转化、总收入、年末资产、R&D研发总人数和成果总数为零的样本项目。经过处理，2009年回收的问卷中有效问卷为164份；2012年回收的问卷中有效问卷为287份。

根据朱平芳和徐伟民（2005）对上海市大中型工业企业专利产出滞后机制的研究结果，大中型工业企业的专利申请量一般在科技投入后的2.5~3年达到最大。由于国家工程中心从组建到验收的组建期为3年，因此本书采用2009年和2012年的问卷调查数据作为实证分析数据，即2009年调查问卷数据用作解释变量（投入）进行实证分析，2012年调查问卷数据用作被解释变量（产出）进行实证分析，通过这种方法解决科技资源对技术创新能力影响的时序性问题。并将2012年的287个问卷对象与2009年的164个问卷对象进行了对应，最终的实证分析对象为164个国家工程中心的问卷调查数据。

3.4 案例分析

本书选取典型案例进行分析，通过进一步的文献展开，研究提出了科技资源配置对技术创新能力的影响模型，并对影响模型中的解释变量、被解释变量、中介变量、调节变量和控制变量进行了说明。

国家工程中心在技术创新过程中创造了巨大的经济效益和社会效益。以国家风力发电工程技术研究中心为例，2014年该中心凭借领先的技术实力、工程化能力以及成果化能力，促进了依托单位1.5MW、2.5MW机组的产业化进程；2014年又开发了2.0MW系列机组，这是目前国内外已知机型中单位千瓦扫风面积最大的机型，满足了全国低风速市场的需求；同年对2.5MW机组进行技术优化，开发了柔性塔架，塔架高度达到120 m，是目前国内最高的塔架。2014年通过成果转化依托单位金风科技实现跨越式增长，总资产超过450亿元，实现营业收入预计超过

170亿元。2014国家红壤改良工程技术研究中心先后为40多家企业在红壤区开展无公害农业、绿色食品生产、有机食品生产提供优质的规划设计、环境评价、产品检测等技术服务，服务面积达180万亩[①]，服务收入400余万元。为红壤区域举办测土配方施肥和新农村建设培训班多期，参加培训的技术干部和农民群众共达4900人次。研发集成的"南方丘陵岗地红黄壤区沃土技术模式"，在江西、广东、福建、湖南等省建立沃土技术示范基地1.5万亩，累计推广400万亩，农民新增收入4亿元，其技术模式在江西、湖南、广东、福建、海南等数个红壤区域得到广泛的推广应用，技术辐射推广面积总计达到4100万亩以上，在2014年度为社会创造价值2~3亿元。研究集成的红壤耕地肥力退化修复技术及红壤耕地生态退化修复技术模式在江西进贤、余江、东乡等县市的典型红壤区累计示范推广14.98万亩，新增产值1964.50万元，新增纯收入1351.35万元。研究集成的"减肥增效沃土技术模式"所提出的减肥沃土成果和技术近两年进一步得到大面积推广和应用，据初步统计，相关技术成果和产品应用推广面积达到12万亩。

国家工程中心在国家重大工程和科技计划项目中担当重任。2014年，国家核电厂安全及可靠性工程技术研究中心成功申请各级科研项目13项，含国家重大专项2项、国家自然科学基金项目3项。国家科技支撑计划"核电厂核安全保障关键技术研究"项目通过科技部验收。项目紧密结合福岛核事故的经验反馈，围绕核电厂厂址应急条件评估、严重事故分析与管理、应急准备与响应关键技术、核事故后果评价系统等核电厂核安全保障关键技术领域开展研究。目前，项目成果已在各领域得到应用。863计划"压水堆核电站长寿期安全运行关键技术"项目按计划开展，通过国家科技部中期检查。目前，已完成技术报告16份，申报获批与在编技术标准3项，完成学术论文23篇，申请专利10件，这些成果为压水堆核电站长寿期运行提供了技术支持与保障。国家能源示范项目"核级焊接材料国产化开发及应用研究"完成全部18个品种焊接材料的车间小批量生产；"多重外部灾害叠加分析和应对措施研究"通过前期研究和调研，确定了多重外部灾害叠加二级和三级PSA技术路线，并开展了初步研究。中心开展的"核电厂安全状态评价和重要安全物项可靠性研究"项目完成了异常重要度判定相关地关键技术研究和平台开发，

---

① 1亩≈666.67平方米（m^2）。

已获得行业广泛认可，并在具体安全评审中得到应用。开展的"CEPR核电站关键部件在役检查技术研究及开发"项目完成了相关技术研发和装备研制，形成的设备和技术通过了核安全局的能力验证，已申请专利6件。

  国家工程中心开展了广泛的科技成果转化和辐射工作，发挥行业的带动作用。国家烧结球团装备系统工程技术研究中心以成果转化和产品开发为重点，以高能效、低污染、大型化、智能化、功能集成化为发展方向，研究和开发有自主知识产权的烧结球团装备技术，促进我国烧结球团行业技术的进步。通过自主开发，并积极开展国内外技术合作，不断进行技术创新，推出钢铁工业新技术、新装备及节能减排关键技术，促进钢铁工业与制造业的技术进步和产品升级。在国内，中心主要技术成果成功辐射到上海、武汉、攀枝花、新余、昆明等20余个省、市（直辖市）、自治区。在国外，中心主要技术成果成功辐射到巴西、乌克兰、越南、伊朗等多个国家或地区。中心研发的"烧结机综合密封技术""烧结矿冷却液密封技术""烧结余热高效综合利用技术""烧结烟气氨法脱硫脱硝技术""烧结烟气镁法脱硫技术""多通道直联炉罩式余热锅炉技术"已在行业中得到广泛应用，获得良好口碑，并于2014年成功将影响扩大到了国外。

  按照择优性原则，本书选择了在历次运行评估中较为优秀的国家工程中心进行了案例分析，并在此基础上进行深入的分析和总结。为了保证选取的案例具有广泛性，本书所选择的案例在行业领域具有一定的分散度，涵盖了农业领域、高新技术领域和社会发展领域；为更好地探究依托不同单位性质的国家工程中心，在现行体制上其资源配置与技术创新能力的关系，本书选择的典型案例还包括依托高等院校、科研院所和龙头企业建设的国家工程中心；为了覆盖全国范围内的国家工程中心，所选择的案例包括了建设在我国东部、西部和中部的国家工程中心。本研究中所选择的国家工程中心基本情况如表3-3和表3-4所示。

表3-3 典型案例基本信息

特征	A	B	C	D	E
所属区域	中部	东部	东部	西部	西部
技术领域	农业	资源与环境	医药	交通	能源
现形体制	高校	科研院所	企业	高校	企业

表 3-4 典型案例科技资源配置与技术创新情况

典型案例	科技资源	科技成果转化	技术创新能力
A 国家植物功能成分利用工程技术研究中心	科研课题42项、重大横向委托项目3项，项目合同总经费791万元；发表学术论文26篇（SCI收录7篇）；申请或获得国家发明专利4项（获授权专利1项）	研发的多项共性技术及一批工程技术标准，通过现场示范考察等多种形式辐射到全国所有相关的科研单位和企业，同时负责技术骨干的培训，促进技术的快速辐射推广应用。中心通过"技术成果（新品种）+项目+政府+企业+基地+大耕户"这一新模式，使技术成果从开始推广到形成产业的整个产业链各参与方均能得益	国家植物功能成分利用工程技术研究中心每年研究开发出5~6种市场前景好的植物功能成分新产品，三年内实现新增产值10亿元以上，提升我国植物提取物在国际市场上的竞争力，从而带动我国植物资源的深度开发，实现产业的整体进步
B 国家海洋腐蚀防护工程技术研究中心	在研科研项目61项，总经费7 165.9万元。发表论文173篇，其中SCI收录36篇；授权专利33项，申报专利14项。起草国家标准2项，发布实施山东省地方标准6项。建设院士工作站1个	开展国外海洋腐蚀防护高新技术的引进、消化、吸收与再创新，提供先进的检验试验设备和手段，加强质量管理水平，研发先进的生产工艺与制造设备，满足工程技术研究、工程化试验以及中试生产、技术服务等方面的需求	目前中心拥有复层矿脂包覆防腐技术、海工混凝土防腐蚀技术、氧化聚合型包覆防腐蚀、抑尘防水保护技术、阴极保护监测技术、杂散电流防腐技术、海洋污损防治技术、阴极保护技术等国际先进的腐蚀防护技术。2011年，严酷海洋环境中新型防腐蚀材料的研发与应用获得"国家海洋局创新成果二等奖"
C 国家手性制药工程技术研究中心	拥有手性拆分中试、手性合成中试、特殊反应中试、手性药物制剂研究室等单元体总建筑面积达2万平方米。中心仪器设备总投入达2 000万元，拥有10万元以上仪器、设备50台套，2013年新增仪器、设备60台（套）；获得中国发明专利授权17项	工程化技术成果转让、推广实现收入1 100万元；产品销售收入3 500万元，技术服务以及专利的授权使用等实现收益100万元，国家、省、市科研经费拨款830万元。依托单位鲁南制药集团及相关企业，依靠中心研发的项目产业化后，新增工业生产总值超过2.8亿元，取得了良好的经济效益	多项科技成果通过鉴定，其中地西他滨及其制剂的关键技术开发与产业化、奥利司他原料及制剂的研制与产业化、盐酸表柔比星原料及制剂的研究与开发3项成果达到国际先进水平，注射用奥沙利铂的研究达到国内领先水平

续表 3-4

典型案例	科技资源	科技成果转化	技术创新能力
D国家轨道交通电气化与自动化工程技术研究中心	现有研发及管理人员98人，其中院士1人、"千人计划"入选者1人。中心承担了在研各级各类科研项目92项，其中省部级以上项目57项、授权发明专利12项；三大检索收录论文215篇，其中SCI收录33篇、EI收录140篇。授权发明专利12项	获得产品销售收入1.11亿元，实现利税0.366亿元；中心全年共获经济效益1.43亿元，实现利税6 432万元。通过产品在行业内的推广辐射，为行业企业创造间接经济效益超过10亿元	研制成功或正在研发的燃料电池电动机车、燃料电池电动机车、100%低地板轻轨车、电气化铁路同相供电系统、非接触式电能传输装置等技术对绿色轨道交通发展意义重大。获各类科技奖励7项，其中国家科技进步二等奖1项（"高速铁路供电综合监控技术与装备"）、省部级奖励5项
E国家有色金属复合材料工程技术研究中心	科研经费到位3 497万元，论文25篇，专利申请51项，中心拥有350KW电磁感应加热设备、340T布勒半固态专用压铸机、荧光探伤设备、超声无损探伤设备、真空压力浸渗设备、脱脂设备、5KW CO_2激光快速成形系统、700W脉冲YAG激光熔覆修复系统等关键设备	年度销售收入突破5 000万，利润率超过10%。压叶轮半固态压铸产业示范线承担相关领域多个国家重大项目，进行中试线的扩建及产业化推广，产能达到3万件/年，极大地提高我国高端汽车零件的市场竞争力。该中心总收入达到39 350万元，利润4 581万元	压叶轮半固态压铸产业示范线承担相关领域多个国家重大项目，进行中试线的扩建及产业化推广，产能达到3万件/年，极大地提高我国高端汽车零件的市场竞争力。获得北京市科技进步二等奖、中国有色金属工业协会二等奖、怀柔区科学技术二等奖。"熔体分散技术创新团队"再次入选国家科技部创新团队

通过第四次运行评估结果看出，较为优秀的国家工程中心聚集了国家一流的工程技术人才和经营管理人才，拥有国际国内领先的研究开发装备与试验基地，具有承担国家和行业重大关键技术和共性技术研究开发能力，取得了一系列重大技术成果，并实现了工程化、产业化，通过技术成果的转化与辐射、专利与标准的实施，对行业技术进步与产业发展产生了重要作用。通过案例分析可以发现凡是拥有优质科技资源，同时注重将科研活动的重点放在科技成果转化阶段，注重科技成果应用与市场的国家工程中心，其技术创新能力都得到了大幅度的提升，从而获

得了巨大的经济效益和社会效益。注重建设和充分利用自身和外部科技资源已经成为了优秀国家工程中心的内在动力和必然选择。为更好地提高创新能力，优秀国家工程中心不仅注重利用现有存量科技资源，同时更加注重增加科技资源的存量，注重与其他上下游产业相关单位资源的互动和共享，从而在短时期内获得创新所需要的基础。并在此过程中，随之建立起了一整套行之有效的管理制度和运作模式。在科技资源与技术创新能力之间，形成了一条创新发展之路。

此外，运行较好的国家工程中心探索了科技与经济结合的新途径，加强科技成果向生产力转化的中心环节，缩短成果转化的周期。面向企业规模生产的实际需要，提高现有科技成果的成熟性、配套性和工程化水平，加速企业生产技术改造，促进产品更新换代，为引进、消化和吸收国外先进技术提供基本技术支撑。实践证明，运行效果好、发展潜力大的国家工程中心基本能完成技术的工程化任务，较好地实现工程技术转化。不同成熟程度的技术和科技成果在不同类型的创新主体之间不断输入和产出，从而快速实现了工程技术的转移和扩散。

正是基于此，本书提出了科技资源配置的关键要素，通过对各要素之间关系的分析，提出科技资源配置影响技术创新的有效路径，深入探究科技资源配置对技术创新能力的影响关系和作用机制，具体的研究分析将在后面几章进行详细说明。

3.5 本章小结

本章主要介绍我国的国家创新基地建设情况，详细阐述了我国创新基地与技术创新的关系，以及创新基地在科技创新中的重要作用。选择国家工程中心作为我国创新基地的重要载体进行实证分析，并对国家工程中心的建设情况和典型案例进行了详细说明，同时介绍了本书的问卷调查和样本数据情况，为在第四章提出科技资源配置对技术创新能力的影响模型和配置要素奠定了研究基础。

4 模型构建与变量选择

本章研究提出科技资源配置对技术创新能力影响过程的关键配置要素，在系统分析基础上，构建了科技资源配置对技术创新能力的直接影响模型和间接影响模型，形成了完整的研究框架，并对解释变量、被解释变量、中介变量以及调节变量的测量指标进行了研究说明。

4.1 模型构建与系统分析

科技资源是一切科研人员从事科技创新活动的物质基础，是经过多年积累形成的能够促进技术创新能力提升，实现创新驱动发展战略的国家战略资源。科技资源配置是指能够在一定时期内通过一定的方式，实现一定规模的科技资源在不同活动主题、不同科研活动环节、不同学科领域、不同区域间的分配与组合，以达到一定目标的过程。科技资源配置包括资源投入、分配、利用、评价和收益等过程，科技资源配置机制决定了资源配置的效率。

经过长期积累，我国创新资源不断富积，目前，我国R&D经费规模居世界前列，初步建立起跨部门、跨区域、多层次的科技基础条件资源网络体系，覆盖创新全链条。在此基础上，伴随着拨款制度改革、科研院所改革等重点领域的体制机制创新，创新资源的规模累积效应逐渐显现，我国创新发展由"量的积累"阶段开始进入局部领域"质的突破"阶段。这一由量变开始走向质变的过程集中反映在我国的技术发展水平变化上，根据中外技术竞争调查研究报告显示，自《国家中长期科学和技术发展规划纲要（2006—2020年）》实施以来，我国技术水平与国际先进水平的差距整体缩小，我国技术水平已相当于美国的67.1%。而且，基本形成了"领先、并行、跟踪"并存的技术格局，其中，17%的技术达到国际领先水平，31%的技术与国际先进水平同步或相差不大，52%

的技术与国际先进水平存在差距,处于跟踪阶段。当前的技术发展格局及科技创新所处的发展阶段,需要我们深入反思长期以来形成的资源配置结构。从历年研发经费投入的结构数据来看,我国研发经费的配置长期高度集中于创新链后端——试验发展环节,科学研究(包括基础研究和应用研究)环节的经费投入近13年一直处于16%~26%,并自1998年开始呈现持续下降趋势。这种资源配置结构对于我国科技整体跟进能力的大幅度提升起到了重要的支撑作用,通过模仿创新,我国能够持续跟踪世界先进技术方向和技术轨道。

当前我国的科技资源配置存在一些问题。一是创新人才队伍结构不合理,人才流动受阻。我国创新人才队伍大而不强,活力不足,结构不合理,领军尖子人才严重不足,我国世界一流科学家仅有100多人,占世界的4.1%,美国占到42%,高技术人才十分缺乏,成为制约我国产业质量提升的一个关键因素。二是科技资源配置结构不合理。政府科技财政投入统筹不足,导致资金投入分散、低水平重复配置现象较多,难以聚焦国家总体战略目标,整体效益难以发挥;科技投入结构不合理,财政对高校和科研机构稳定投入不足,竞争性项目经费所占比重过高,导致科研单位过分追求项目数量和经费,忽视优势学科积累和发展;科技资源配置的市场导向机制不健全,对创新的"倒逼"作用不强,一定程度上存在企业"被主体"现象,即政府部门的应用研究及产业化项目较多,在一定程度上存在着政府导向替代市场导向的现象,政府越位使企业在技术创新上难以成为投入和决策的真正主体。三是知识要素流动不畅。高校、科研机构成果不能有效满足市场需求。许多高校、科研机构单纯以论文数量和项目经费作为科技评价标准,对面向市场的成果转化重视不足。科研项目立项和研究过程中,未能与市场需求有效对接,成果市场适应性不强,后期转化困难。职务科技成果转化的激励政策不落实,影响了科技人员成果转化的积极性。存在通过创办小公司内部转化科技成果现象,好的成果不愿向外转让。

究其原因,在于我国的科技资源配置机制还不完善,政府和市场在科技资源配置中的作用尚未厘清,科技资源配置对于技术创新的支撑保障作用发挥不够。技术创新是充分利用科技资源将新设想从科学问题研究到开发设计、工程化、产业化、商业化等一系列创新活动的完整过程。无论从技术创新理论研究的角度还是从实践活动的角度看,技术创新都是一个系统工程或组织过程,是一个非连续性的技术活动,将发明引进生产体系,从而实现到商品化、产业化的转变。技术创新能力的提升是技术创新的最终目标和过程终点,科技资源的配置是技术创新体系的重要组成部分,它们之间的关系存在相辅相成又相互制约的必然联系。根据第3章中的案例分析结果,从创新路径选择的角度出发,本书提出创新基地科技资源配置对技术创新能力影响的两种模型,辨析科技资源的各个配置要素对于技术创新能力的影响,为更好地发挥政府和市场作用,优化科技资源配置提供依据。

在创新主体进行创新活动过程中,科技资源、科技资源配置、技术创新能力三者之间存在着必然的相互影响关系。本书在研究创新基地进行技术创新活动、形成技术创新能力的同时,探索在进行创新基地建设的资源优化配置时,科技资源是如何形成技术创新能力的路径,三者之间存在着怎样的影响关系,创新基地的技术创新如何对科技资源进行合理地分析、配置等问题。

4.1.1 科技资源配置与技术创新能力的关系

根据资源基础理论,科技资源、科技资源配置与技术创新能力三者之间存在着相互联系、密不可分的关联。科技资源自身决定了资源配置水平,资源配置水平决定了技术创新能力的形成,而形成技术创新能力的过程中,又可以促进资源的再生产、再利用,形成新的资源积累。三者的相互作用关系图如图4-1所示。

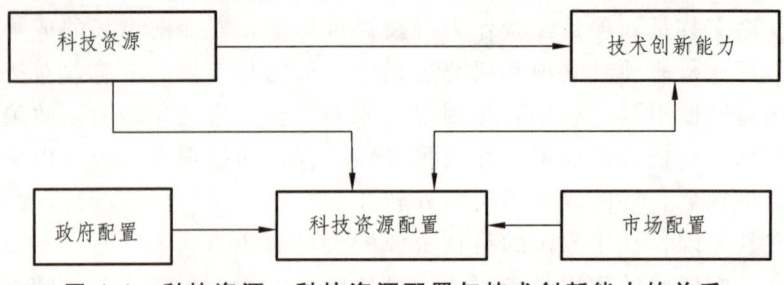

图 4-1 科技资源、科技资源配置与技术创新能力的关系

(1)科技资源和技术创新能力之间是互动影响的关系。首先,从资源基础理论和动态能力理论来分析,科技资源自身并不能称为能力,而是能力的具体体现。科技资源是创新主体形成技术创新能力的源泉,创新主体的技术创新能力特别是核心创新能力依赖于资源的不断获取、长期积累和有效应用。在技术创新能力形成和提高的过程中，同样可以反哺科技资源，使创新主体进一步积累和提高资源利用率。二者对于创新主体的作用和影响可以概括为，科技资源是技术创新能力发展的基础，技术创新能力是创新主体持续发展的关键。

（2）科技资源配置是科技资源形成创新能力路径中的关键模块。科技资源的配置模式主要有三种，以政府配置为主、以市场配置为主和两种模式兼有。创新主体内部的科技资源建设，能够更好地获得政府和市场资源的支持。同时，市场和手段的"互补性"资源又能够反过来促进创新主体内部资源的充分利用。创新主体内部的科技资源和外部的政府、市场支持两个层次的资源增长，能够产生正向作用，从而形成更为强大的创新能力。通过国家工程中心的案例可以看出，国家工程中心自身的技术、知识、资金、人才等组织资源，能够建立起国家工程中心的信誉、影响力和机制等，从而使国家工程中心获得更多的市场认可和政府支持，反过来，市场和政府的支持手段也促进了技术创新系统中组织成员能力的提升，是提高技术创新能力的前提。因此，本书认为，创新主体内部的科技资源、政府和市场手段、技术创新能力之间是相互作用、相互影响、共同演化的关系。其中，政府和市场手段对科技资源本身、技术创新能力的形成产生正向调节作用；创新主体的科技资源、政府和市场手段结合在一起，形成了基于"科技资源——政府和市场调节——技术创新能力"相互作用的复杂系统，推动了整个创新主体的技术创新系统的发展。

基于上述分析，本书提出的科技资源配置对技术创新能力的影响模型，是一类基于科技资源配置过程的模型，旨在遵循科技活动特点和规律，以提高科技资源的利用效率、实现科技持续发展和创新能力提升为目标，将科技资源技术创新能力、政府和市场、科技成果转化等几个配置变量联系起来，完成科技资源从产生到分析利用再到优化配置的活动。在此模型中，包含了人力资源、财力资源、物力资源、信息资源、技术转移、科技成果扩散、技术创新能力、政府计划项目、政府资金投入、市场来源项目和社会资金方式等变量要素。这些变量要素分别代表了科技资源配置结构中的四个主要内容，即配置资源变量、配置中介变量、配置模式变量和配置目标变量。

配置资源变量即是科技资源产生阶段,也是科技资源实现优化配置的源头;配置中介变量是科技资源配置过程中的过渡变量,本书假设通过科技成果转化阶段,能实现提高技术创新能力的目标;配置目标即是技术创新能力的提升,这是科技资源优化配置的终极目标;配置模式变量是政府和市场,国内外很多学者将其称为配置模式。

需要指出的是,创新政策也是优化科技资源配置以及提高技术创新能力的关键要素。创新政策是创新主体支持创新的行动方针,是创新主体设定的框架条件。决策是否到位,策略是否有效对创新主体的创新能力有重大影响。但由于创新政策难以进行量化,因此,本书在分析科技资源要素时没有将创新政策作为配置要素进行实证分析和研究。

4.1.2 直接影响模型

从科技资源的属性角度考虑,科技资源既是科技创新活动的基础支撑保障,同时也是多年科技创新活动沉淀下来的重要成果。一个国家创新能力和核心竞争力的形成,很大程度上取决于科技资源集聚、开发和利用科技资源的能力。科技资源本身的规模、质量、水平和配置情况直接决定着技术创新能力的高低,进而影响着经济增长方式和速度(叶玉江(2015))。通过案例分析可以看出,拥有相当规模、高质量的科技资源,并通过科学高效的管理手段实现科技人才、资金的合理匹配的创新基地,能够开展高水平的科技创新活动,产生原创性科技成果。对于创新基地这一聚集优势科技资源的重要创新主体而言,是否拥有相当规模的科技资源,以及是否拥有持续积累和汇聚优势科技资源的能力,是能否不断获得战略机会、持续进行科技创新的关键。

从创新自身具有的属性考虑,创新是一个综合的经济过程,任何原始性创新都是厚积薄发的结果,都是后人站在前人基础上继续探索攀登的结果。科技资源和研究成果的积累、经验教训的总结,是后来者继续研究创新的基础。一些暂时得不到公认的创新活动,也应被允许充分利用科技资源,使创新活动得到及时有效的支持,这样有利于知识财富和科技资产的不断积累,当然这种支持和积累必定会对我国在未来的国际竞争中的实力和地位产生深远的影响。科技创新需要对资源进行深层地挖掘,透过事物的表面现象,发现隐藏在其中的内在规律和性质,这些科学技术工作依赖于高质量的科技资源和对科技资源的深层开发利用。

以国家工程中心为例，在人力资源促进技术创新方面，2014年度国家高性能计算机工程技术研究中心从事研究的人员从上年的557人增加到2014年底的583人，中心工作人员中29人具有博士学位。研究人员从事技术研发、产品设计、技术支持等工作，技术人员中89%以上为硕士学历，他们知识体系扎实，专业能力极强。该中心采用了项目组制，增加了Parastor300并行分布式云存储项目组、Cloudview2.0云计算管理系统项目组、高端八路服务器项目组、大数据管理平台项目组、网络安全产品等项目组，使R&D研发人员能够充分发挥各自的专业技能和优势。

在物力资源促进技术创新方面，国家信息存储工程技术研究中心通过对原有生产、实验环境的升级改造，现在已经建成专业化、自动化的部件仓储、生产、老化、包装、品管生产线，支持各类存储设备、软件的自动化灌装、测试等生产工艺，大大提高了生产效率。研究中心人员可在实验室进行科研过程中的实验和测试，可利用中试基地的相关设备对产品进行高低温测试、跌落测试、电磁兼容性测试等，可利用生产线进行产品的批量生产。同时外单位可委托中心完成科研成果可用性、可靠性、可交付性的测试和评估。

在财力资源促进技术创新方面，国家高性能计算机工程技术研究中心每年将当年销售收入的10%，作为投入中心研发的使用经费，实现国家工程中心自身的"造血"功能，并保证每年的R&D经费支出增长率高于12%。中心进行独立核算，实行专款专用，为后续发展和科研工作提供强有力的资金保障。

在信息资源促进技术创新方面，国家内河航道整治工程技术研究中心3年来突破了连续滩险整治技术、桥群河段通航技术、长河段航道系统治理整治建筑物稳定性关键技术、数字航道应用技术等8项核心技术，获得国家、省部级科技奖励60项，申请专利62件。"三峡水库变动回水末端航段治理技术""桥群河段通航技术"等多项科研成果已直接应用于长江、乌江流域航道整治和水利工程建设，每年创造直接航运经济效益和通航安全效益超过400亿元。

基于此，本书在对系统分析基础上提出了科技资源配置对技术创新能力具有直接影响，并由此构建了集成各类配置要素的直接影响作用模型，如图4-2所示。

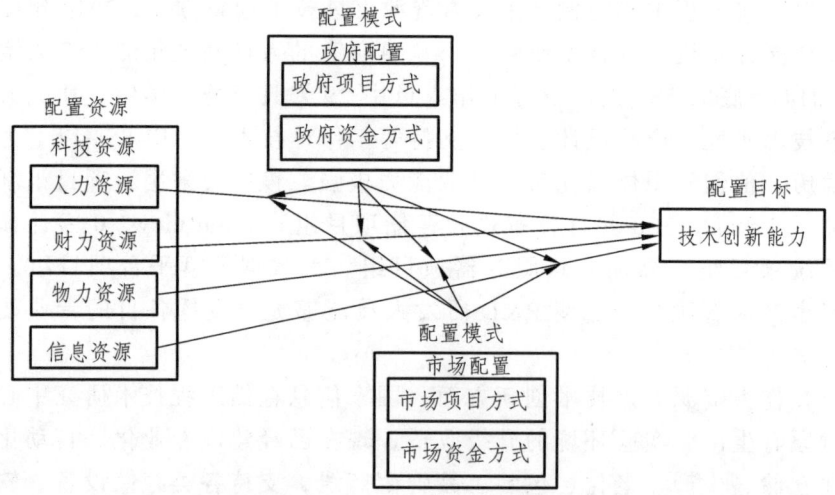

图 4-2 科技资源配置对技术创新能力的直接影响模型

4.1.3 间接影响模型

除了科技资源对于提高技术创新能力存在直接影响的途径之外，由于科技创新活动是一个复杂的系统工程，涉及方方面面的因素，所以创新主体在进行创新活动时，需要对科技资源进行调配和集成，因而在科技资源配置与提升技术创新能力要素之间，必然还存在其他有效路径，而且这一路径必然遵循着创新链的主要环节。创新链是指围绕某一个创新的核心主体，以满足市场需求为导向，通过知识创新活动将相关的创新与主体连接起来，实现知识的经济化过程，形成创新系统优化目标的功能链节结构模式。当前主流观点认为创新链条包括以下五个环节：① 基础研究，探索新技术的原理；② 应用开发，在实验室制作样品或样机；③ 中间试验（简称中试），验证和改进实验室技术，按照规模生产要求解决工装、工艺、原料和标准等问题；④ 商品化，企业整合技术、资本、人力资源等要素，面对市场开展小规模经营，完善产品，开拓市场；⑤ 产业化，企业开展大规模生产，获取创新活动的回报。本书提出依据创新链的发展轨迹，科技成果的转化是实现科技资源优化配置、促进技术创新能力提升的关键中介要素。

现阶段科技创新活动中科技成果转化发挥着越来越重要的作用。随着我国创新驱动发展战略的实施，产生了一大批前沿性的科技成果，在重点领域关键技术上取得了一系列重要突破。但是从总体上看，虽然我国以专利、论文为代表的开发能力快速提高，但是，以企业研发投入强度、成果应用和市场化为主要指标的企业创新能力提高相对缓慢，这在一定程度上制约了我国整体自主创新能力的提高。科研成果的产业化应用速度和效果成为世界各国增强核心竞争力的重要来源。促进科技成果转化，既是我国经济和社会发展的迫切需求，也是科技创新发展到一定阶段的任务要求。科技成果转化已经成为提高技术创新能力中不可或缺的重要环节。

世界各国对科技创新成果的争夺日益激烈，通过各种政策和手段在世界范围内促进创新成果的转化和产业化。科技成果转化也成为促进科技与经济精密结合的重要途径。人类科学研究活动的结果是以科技成果的形式表现出来的，这些成果能否最终应用到经济社会发展中去、对经济社会发展起到促进作用，是衡量人类科学研究活动成功与否的重要途径。但是，由于科技与经济本身是分离的，科技成果与经济需求之间总是存在差距，这个差距需要通过各种政策、激励措施来进行引导和弥补。

从转化因素看，科技成果转化涉及转化对象、转化主体、转化活动、转化环境、市场接受等多方面。从转化内容看，从技术应用到形成规模化生产，需要与之相关的技术、材料、关键零部件、工艺技术等系统应用；一项新技术可以应用于多个产品，一个产品的创新又需要多种技术的集成。从转化过程看，科技成果转化包括后续试验、开发、应用、推广等一系列过程，直到形成新产品、新工艺、新材料和新产业。由此可见，科技成果转化是实现科技创新的重要途径，科技资源所涉及的人力、财力、物力和信息资源能够为科技成果转化提供必要的支撑保障，同时科技成果转化也能够有效地将科技资源转化为生产力和创新能力。

本书提出了科技资源配置对技术创新能力的间接影响模型（图4-3）。从某种意义上说，这一模型体现了开放式创新的理念，创新主体从内部和外部两个渠道加快技术创新进程。随着世界经济一体化的推进，创新环境、创新资源和创新链条也呈现出从封闭到开放的大趋势。原有传统的线性创新模式已经不再精确了，很多创新活动发生在正式的研发活动之外，创新在相当大程度上依赖于外部知识资源，使得创新的系统性增加，创新的模式也由线性模式转变为非线性模式，而科技成果转化正是实现这一非线性影响关系至关重要的创新要素。

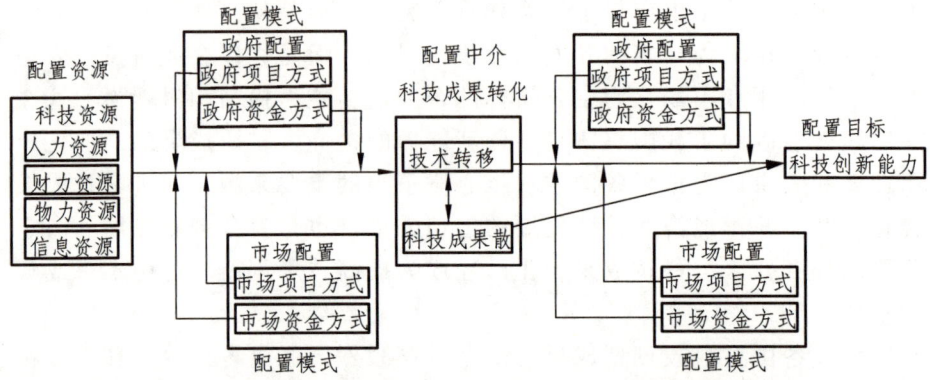

图 4-3　科技资源配置对技术创新能力的间接影响模型

技术创新能力是科技成果转化为现实生产力的结果和绩效目标，对于国家或区域来说，它会产生巨大的经济效益、社会效益和竞争效益。如果说科技成果转化是一个过程，那么技术创新能力就是一个点，能够反映科技成果转化效益的点。科技成果转化不是静止的，而是一个动态积累的结果。科技资源是科技成果转化的物质基础，从理论上说，人力、财力、物力、信息资源都对科技成果转化产生十分重要的支撑条件作用，对科技成果的应用、商业化和产业化过程至关重要。

4.2　解释变量

4.2.1　科技资源

科技资源一个国家多年来形成的重要战略资源，是开展科技创新活动必备的先决要素，更是提高技术创新能力的充要条件。科技资源的配置能力是引领国家创新、区域创新、高校或企业等创新主体创新的核心力量。在我国科技发展日新月异的今天，作为战略资源的科技资源对于技术创新的重要作用日益凸显，科技资源的获取能力和优化配置能力正成为决定任何一个国家和地区、任何一个创新主体持续创新的关键要素之一。把握科技资源的能力已经成为实施国家创新战略和转变经济增长方式的核心能力。我国学者根据不同的科技资源内涵提出了不同的科技资源分类（表 4-1）。本书将创新基地的科技资源主要归纳为人力资源、财力资源、物力资源和信息资源四种类型。

表 4-1　科技资源内涵和分类相关研究

序号	人员	科技资源内涵和作用	科技资源分类
1	丁厚德（2005）	汇集于大学、研究院所、企业、科技服务机构，应联合、发挥主体间的作用	包括科技人才、科技活动资金、科学研究实验（试验）装备、科技信息
2	杨子江（2007）	科技活动的主要条件，科学研究、技术创新的生产要素集合	包括人力、财、物和信息，最终的科技成果
3	孔德洋（2009）	从事科学技术活动软、硬相关的要素综合	包括人力、资金、物质、组织管理和信息
4	冯伟（2009）	科技活动开展的主体力量与要素支撑，是进行科技活动的必要依托	包括人才、设备、资金、机构组织、成果资源
5	牛冲槐等（2010）	一个国家或地区可用于科技活动的全部资源	包括人力、物力和财力资源
6	尚海永（2010）	开展科技活动过程的人才、物质、财力、组织和信息等要素，以及已取得成果与产品的总和，包括硬件要素与软件要素	硬件要素指科研设施设备、自然科技资源等；软件要素是指科技成果转化、科技信息基础与研究网络等

1. 人力资源

科技人力资源是指从事科学和技术知识的产生、发展、传播和应用活动的人员。1995 年经济合作与发展组织（OECD）和欧盟发布的《科技人力资源手册》系统解释了科技人力资源的基本定义、分类标准、相关因素和数据来源等，在国际上第一次明确提出了有关科技人力资源统计的标准和规范。在多年的建设过程中，国家工程中心培养了一大批高水平工程技术人员，同时，为了更好地开展科技成果转化工作，还培养了一大批管理人员和市场营销人员。截至 2013 年底，国家工程中心共拥有职工 84 468 人，较上年增长 5.3%。2013 年国家工程中心共拥有 191 名院士、145 名千人计划专家、125 名杰出青年称号获得者。2013 年，国家工程中心流入人员 7 352 人，流出人员 4 865 人，净流入 2 487 人。国内外很多学者都对人力资本的内涵进行了研究，大部分的研究成果都认为人力资源是技术创新的重要驱动力，对技术创新具有积极的促进作用。从事科技创新的人力资源越丰富，越容易推动技术创新，从而提高技术创新绩效。本书选取国家工程中心人员总数、科技人员总数、R&D 活动人员总数以及高中级职称人员数，作为人力资源的测量指标（表 4-2）。

表 4-2 人力资源测量指标

解释变量	测量指标	来源
人力资源	人员总数	Becker（2010） 王文亮等（2008）
	科技人员总数	
	R&D 活动人员总数	
	高中级职称人员数	

2. 财力资源

财力资源是指在一定时期内所能掌控和配置的并可转化为资金形态的所有有形和无形的资源。财力资源主要指创新主体所拥有的资产总数、投资总额、实际投资等，其来源主要包括政府拨款、单位自筹资金和社会投资等。2013 年，国家工程中心批准计划投资总额为 165.95 亿元，实际完成投资总额为 171.26 亿元。在实际完成投资中，政府投资总额为 69.73 亿元，政府科研项目投资总额为 58.29 亿元，政府其他拨款总额为 11.44 亿元，自筹资金总额为 86.05 亿元。截至 2013 年底，国家工程中心总资产为 1 026.61 亿元，其中固定资产为 330.41 亿元、对外投资为 44.35 亿元、流动资产为 572.34 亿元、其他资产为 79.51 亿元。国家工程中心年末净资产为 600.72 亿元，年末负债为 424.93 亿元。为更好地从投入产出的角度评测财力资源对技术创新的作用，本书选取国家工程中心的资产总额和实际投资总额（主要为 R&D 研发活动投入）作为财力资源的测量指标（表 4-3）。

表 4-3 财力资源测量指标

解释变量	测量指标	来源
财力资源	资产总额	Denrell（2003） 王孝斌等（2009）
	实际投资总额	

3. 物力资源

科技物力资源是指开展科技活动所需的各类大型科研仪器和设备、各类科研机构、大学、企业的技术研发机构、实验基地、科技服务机构、技术研究中心等基础设施和物质性条件（Abernathy 和 Chakravarthy，1979）。科技物力资源是科技创新活动最直接支撑的重要保障，是具有应用价值的资源。2013 年，国家工程中心共建成 446 个中试基地、417 条中试生产线；建立 845 个技术服务网点。2013 年，国家工程中心新增 1 180 台/套大型设备，总原值达到 71.69 亿元。本书选取国家工程中心所拥有的大型仪器设备、设施、中试基地（生产线）和实验室等，作为创新基地物力资源的测量指标（表 4-4）。作为国家级创新基地，国家工程中心拥有大量高性能、成套的科学仪器或大型科学设施，同时拥有国家和省部级实验室，这些仪器设施和实验室作为科技资源的重要组成部分，在国家工程中心的工程化、产业化等方面的科研活动中，发挥了不可替代的重要物质支撑作用。

表 4-4　物力资源测量指标

解释变量	测量指标	来　源
物力资源	大型仪器设备	董明涛等（2014） Williamson（1975）
	中试基地	
	实验室	

4. 信息资源

信息资源是指以各种科技文献、期刊、专利、光盘数据库等为载体的科技产出，主要有科学研究和技术创新的知识信息性成果（Williamson（1975））。Edwards 等（2005）和 Rogers（2004）认为在的知识、信息为基础的市场环境中，特别是在互联网技术的帮助下，中小企业更容易获得和利用外部资源，为自身创造有利于创新的环境，从而增强技术创新能力（Mowery 和 Sampat（2005），Dries 等（2005），Mangematin 等（2003），Narula（2001））。信息资源多数选择出版著作、论文、检索论文（SCI、EI 和 ISTP 检索）。专利、标准等往往是创新能力最有效的科技成果的体现形式。本书将国家工程中心所检索论文和专利总数作为信息资源的评测指标（表 4-5）。

表 4-5　信息资源测量指标

解释变量	测量指标	来　源
信息资源	检索论文总数	Soogwan Doha，Byungkyu Kimb（2014） 彭洁（2014）
	专利总数	Hall 等（2005），Audretsch（2002） 李海超（2015） 龚关（2012）

4.2.2 因子分析

由于第3章中提出的科技资源这一解释变量的测量指标较多,需要对解释变量各测量指标进行降维,以更好地进行变量间关系的研究,本书选取2009年和2012年国家工程中心调查问卷作为科技资源因子分析样本,利用SPSS20对样本数据进行因子分析。为实现对解释变量多要素的"降维",在保证原始变量之间存在较强相关关系的前提下,需要先判断原始变量之间的相关性再进行因子分析。本书采用两种方法分析原始变量的相关性:① 巴特利特球度检验(Bartlett test of sphericity);② KMO(Kaiser-Meyer-Oklin)检验。本书的KMO度量值采用Kaiser(1970)的标准进行判断。因子分析采取的步骤如下:

第一步:数据预处理

为保证数据分析质量,本书将2009年所收集的248份国家工程中心年报样本数据进行了如下处理:① 删除人员总数和从事科技人员活动总人数具有缺失值的样本;② 删除年末资产和总收入具有缺失值的样本,最终获得164个有效问卷调查。为了从各类科技资源要素中辨析出关键配置要素,本书采用因子分析方法,通过KMO检验和Bartlett球形检验(表4-6)、计算变量共同度(表4-7)、运用方差极大法对因子载荷矩阵实施正交旋转等方法,最终将科技资源要素降维为人力资源、财力资源、物力资源和信息资源等4类主因子,作为进一步进行科技资源配置对技术创新能力影响作用机理分析的研究基础。

第二步:检验相关性

通过对剩余变量进行标准化处理,计算出相关系数矩阵,由于该表太长,详见附件。对经预处理后得到的解释变量进行KMO检验和Bartlett球形检验,从表4-6中可以看出Bartlett球形检验统计量的观测值为930.180,p值接近于0,在显著性水平为0.05的情况下,解释变量之间存在显著相关性。同时,KMO值等于0.697,接近0.7,根据Kaiser(1970)给出的KMO度量标准可知科技资源这一解释变量比较适合进行因子分析。

表 4-6 KMO 检验和 Bartlett 球形检验

KMO&Bartlett's Test		
Kaiser-Meyer-Olkin Measure of Sampling Adequacy.		0.697
Bartlett's Test of Sphericity	Approx. Chi-Square	930.180
	Df	45
	Sig.	0.000

第三步：计算变量共同度

变量共同度是衡量因子分析效果的常用指标。本书对变量共同度的计算结果见表 4-7。从表中可以看出，原始变量的变量共同度大多在 80% 以上，这说明提取的因子保留了原始变量的大多数信息，因子提取效果较好。

表 4-7 变量共同度

	Initial	Extraction
人员总数	1.000	0.737
科技人员总数	1.000	0.924
R&D 人员总数	1.000	0.864
高中级职称人员数	1.000	0.855
资产总额	1.000	0.697
实际投资额	1.000	0.692
实验室	1.000	0.743
设备	1.000	0.761
检索论文总数	1.000	0.859
专利总数	1.000	0.857

第四步：确定主因子数

计算相关矩阵的特征值、方差贡献率和累积方差贡献率，结果见表 4-8。表中第一部分 Initial Eigenvalues 描述了初始因子解的情况；第二部分 Extraction Sums of Squared Loadings 描述了因子解的情况；第三部分 Rotation Sums of Squared Loadings 描述了因子解的情况（旋转后）。经过旋转后，累积方差贡献率保持不变，但各因子的方差贡献却发生了改变。每一部分由三列组成,依次为特征值、方差贡献率和和累积方差贡献率。可以看出,经过主成分方法提取后,前四个因子的累积方差贡献率已达到 79.894%,即这四个因子保留了所有原始变量信息的 79.894%。

表 4-8 因子分析的特征值、方差贡献率

Component	Initial Eigenvalues			Extraction Sums of Squared Loadings			Rotation Sums of Squared Loadings		
	Total	% of Variance	Cumulative %	Total	% of Variance	Cumulative %	Total	% of Variance	Cumulative %
1	3.615	36.151	36.151	3.615	36.151	36.151	3.331	33.306	33.306
2	1.865	18.655	54.806	1.865	18.655	54.806	1.701	17.013	50.319
3	1.364	13.637	68.442	1.364	13.637	68.442	1.511	15.114	65.433
4	1.145	11.452	79.894	1.145	11.452	79.894	1.446	14.461	79.894
5	0.629	6.293	86.187						
6	0.497	4.965	91.152						
7	0.370	3.703	94.856						
8	0.309	3.093	97.949						
9	0.154	1.540	99.489						
10	0.051	0.511	100.000						

Extraction Method:Principal Component Analysis.

第五步:确定主因子

本论文采用方差极大法(Great variance method)对因子载荷矩阵进行正交旋转,以使因子具有合理的命名解释性,解释变量科技资源旋转后的因子载荷矩阵见表 4-9。从表中可以看出第一主因子在国家工程中心人员总数、科技活动人员数、R&D 人员数、高中级专业技术职称人数上有较高的载荷,由此第一主成分可解释为人力资源;第二主成分在国家工程中心检索论文数、拥有专利数方面具有较高的载荷,由此可以将第二主成分解释为信息资源;第三主成分在国家工程中心拥有的实验室数、设备数上具有较高的载荷,由此可以将第三主成分解释为物力资源;第四主成分在国家工程中心资产总额和实际投资两个变量上具有较高的载荷,由此可以将第四主成分解释为财力资源。

表 4-9 科技资源各要素的因子载荷矩阵（旋转后）

	Component			
	1	2	3	4
人员总数	0.816	−0.077	−0.042	0.252
科技人员数	0.950	0.000	0.069	0.129
R&D人员数	0.920	0.053	0.110	0.046
高中级职称人员数	0.916	0.058	0.031	0.110
资产总额	0.190	−0.028	−0.055	0.811
实际投资额	0.123	−0.035	0.038	0.821
实验室	0.101	0.091	0.849	0.059
设备	0.004	0.017	0.869	−0.074
检索论文总数	0.103	0.915	0.100	0.032
专利总数	−0.075	0.917	0.014	−0.103

a. Rotation converged in 5 iterations.

4.3 被解释变量——技术创新能力

根据第 3 章提出的科技资源配置对技术创新能力的影响模型，本书将创新基地的技术创新能力作为被解释变量。由于我国创新基地建设历时已久，创新基地的承担主体涵盖了高校、科研院所和企业等，其建设和运行机制和环境存在异同，因此对创新基地的技术创新能力评价是一个较为复杂的问题。要全面衡量，需要一系列指标能够描述创新基地的基本特征，综合、科学地反映创新基地的创新能力，同时，指标相应数据信息的获取还应方便。构建合理、恰当的技术创新能力指数评价模型，采用科学、准确的评价方法，对于更好地了解创新基地建设现状至关重要，同时也是进行实证分析、深入研究科技资源配置要素对于技术创新能力影响机制的重要前提。

4.3.1 技术创新能力评价

为更好地进行实证分析，本书对国家工程中心的技术创新能力进行了评价。无论是在科技资源配置上,还是在创新基地建设上,技术创新能力的提升是本书研究的主要目标。而技术创新能力的评价不是单一的,是对各类科技资源进行优化之后,创造价值的多方面要素的集成。为了更好地对各创新主体的创新能力进行客观、科学的评价,本论文需要将技术创新能力作为被解释变量,以进一步研究创新主体中各科技资源要素对技术创新能力的作用机制。

4.3.2 技术创新能力指数

国际著名的创新评价包括波特等人构建的国家创新能力指数、欧盟的全球综合创新指数和英国著名智库组织罗伯特·哈金斯协会提出的城市知识竞争力指数(WKCI)、美国硅谷创新指数等。国内的技术创新评价主要包括中国城市创新能力科学评价、上海张江指数以及科技部关于副省级城市技术创新能力评价等。国外关于技术创新能力测度的研究主要依据对技术创新能力的分解和建立层次结构关系,并在此基础上构建指标体系,大多是采用专家打分的方法确定指标的权重,较为主观,但国内研究比较重视对数值分析方法的研究,如综合指数法、AHP层次分析法、模糊综合评价、神经网络方法等。在评价指标上,国内外学者常用研发支出、研发技术人员(R&D)数量(Ehie和Olibe(2010),Eberhart等(2004),Chan等(2001))、专利数(Hall等(2005),Alhorani等(2003))、知识管理(Schwab(2012))、生产率和盈利能力、股票收益等指标对技术创新进行评价(表4-10)。国内外学者对于技术创新能力的评价研究主要存在以下几种做法:一是通过创新投入产出的角度构建评价指标体系,即按照创新投入到创新产出过程进行创新能力的测评,这也是目前采用最多的指标测度分类方法;二是根据创新依附的主体不同,按照有形或无形资源进行分类指标体系的设计;三是从技术创新知识生产过程角度构建评价指标体系,但由于这个角度的研究对象具有独特性,目前还没有得到广泛应用;四是针对某一类技术创新活动能力的评价指标体系,如R&D能力、知识创新能力、市场收益能力等。

表 4-10 国内外创新能力指数研究

创新指数	测评对象	内容	评测指标	提出机构
欧盟创新指数	欧盟各国、美国、日本	创新绩效	创新推动、企业创新行为、创新产出	2010年10月,欧盟委员会
国家创新能力指数	1973—1995年的数据,测算七个国家	国家创新能力		1999,弗里曼(Furman)
	OECD17个成员国	国家创新能力	创新能力的产出、公共创新基础设施质量、特殊行业下的创新环境、创新联系质量、与创新产出相关的因素	2002,弗里曼(Furman)、波特(Porter)和斯特恩(Scott Stern)
全球知识竞争力指数(WKCI)	全球主要都市(圈)	知识创新	人力资本、知识资本、金融资本、地区经济产出、知识可持续性	2002,英国罗伯特·哈金斯协会
德国创新指数	包括德国在内的13个国家	创新能力	输出性指标,包括创业、专利申报、科研文章、创新产品与服务统计;输入性指标包括教育投资、专业力量培养	
硅谷指数	硅谷	综合创新能力	人口、经济、社会、空间、管理	2010,硅谷专门机构 Joint Venture
中国城市创新能力指数	中国大陆的661个城市	创新能力	技术产业化能力、品牌创新能力和创新基础与支撑能力	2010,中国城市发展研究会
中关村指数	6个高新技术产业	高新技术产业	经济增长指数、经济效益指数、技术创新指数、人力资本指数、企业发展指数	2007,北京市社会科学院、中关村创新发展研究院、北京方迪经济发展研究院
张江创新指数	张江园区	自主创新能力	创新环境、创新主体、创新人才、创新投入、创新水平、创新成果,定量提出原始创新、二次创新和集成创新三方面指标	2008,张江高科技园区

从创新投入和产出的角度构建评价指标体系是国内外学者普遍采用的方式之一，即按照创新投入到创新产出过程进行创新能力的测评，例如史晓燕在研究企业的技术创新能力指标时把企业创新能力分为财力投入、人力投入、物力投入和创新效益四个指标，采用标准化的方式综合四个二级指标，最终得出企业技术创新能力指数。本研究从创新基地的技术创新活动的基本特征出发，将创新活动中所涉及的科技资源配置要素进行划分，按照投入和产出的评价原则，提出创新基地的技术创新能力评价指标体系（表4-11）。需要指出的是，下面所给出的创新基地技术创新能力评价指标体系是在咨询部分专家意见的基础上，经过多次的修改、补充和完善，具有一定的科学性和适用性。此外，机制保障也是衡量创新主体技术创新能力的重要内容，但由于数据不可取，因此本书在进行实证分析时没有采用该指标数据。

表4-11 技术创新能力评价指标体系

目标层A	准则层B	准则层C	代码
技术创新能力指数A	经济贡献B_1	产品收入（万元）	C_1
		技术性收入（万元）	C_2
		承包工程收入（万元）	C_3
		利税（万元）	C_4
	知识技术创新B_2	发表论文	C_5
		优秀论文	C_6
		完成项目	C_7
		完成国家项目	C_8
		完成省部项目	C_9
		成果总数	C_{10}
		获奖成果数	C_{11}
		专利申请	C_{12}
		专利授予	C_{13}
		专著	C_{14}

4.3.3 AHP 实证分析

定量评价创新基地技术创新能力需要将若干个指标综合成一个指标，即为综合指数，或简称为指数，属于综合评价问题。综合评价是一种通过对多个研究对象的诸多属性进行抽象概括，并以定量的形式评判研究对象的优劣程度的系统分析方法，目前已取得了大量研究成果。迄今为止，综合评价方法有数十种，例如加权线性组合法、数据包络分析（DEA）、主成分分析法（PCA）、专家分析法（EA）、人工神经网络方法，等等。选择恰当的评价方法是合理评价创新基地技术创新能力的关键所在。

本研究在选择评价模型时，本着"理论可行、方法实用"的原则，通过对不同综合评价方法的比较，最终选择采用层次分析法（简称 AHP）对国家工程中心技术创新能力指数进行实证分析。

层次分析法是一种综合的多准则决策方法，它将定性分析和定量分析结合起来，将一个复杂问题按照从属关系分解成一个有序的层次结构，并由相关领域的专家判断各层指标之间以及相邻层的指标之间的重要性，进行定量打分形成两两比较的判断矩阵。因为层次分析法能够将复杂问题简单化，所以层次分析法具有实用性、简洁性的优点；又因为层次分析法的打分表是由相关领域的专家针对具体问题提出的，所以它具有有效性、系统性的优点。

但同时 AHP 方法也存在着一些局限性，如层次分析法的主观性太强，因为打分表往往会受到专家主观偏好的影响，很难排除人为因素带来的偏差；层次分析法的层次结构之间太过独立，实际问题中，相邻两层之间通常会互相影响，因此互相独立的打分表往往会忽略相邻两层之间的影响；只能在给定的策略中去选择最优的，而不能给出新的策略；在 AHP 方法中进行多层比较的时候需要给出一致性比较，如果不满足一致性指标要求，则 AHP 方法就失去了作用。

本书充分考虑层次分析法在应用过程中的优缺点，在本书的专家打分阶段特别注重对于判断矩阵的构建。在专家打分表的制定过程中，邀请技术背景雄厚、经验丰富的专家参与调查，邀请的专家包括以下四类类型：（1）各国家工程中心从事中心管理工作的专家；（2）科技评价评估专家；（3）各国家工程中心从事科技研发的工程技术人员；（4）各国家工程中心从事科技成果扩散和市场拓展的专家。旨在通过专家的多样性选择消除人为因素带来的偏差。在打分表的层次结构问题上，本书充分考虑了 AHP 矩阵的设计方法,由多个领域资深的技术和管理专家综合考虑各个领域设计了本书的打分表,虽然打分表的制定仍存在一定问题,但已最大限度的消除了层次结构间的关系对本书结论的影响。

为了更好地衡量专家打分表的合理性,本书将国家工程中心的技术创新能力指数与历次由科技部组织的国家工程中心运行评估结果进行比对,特别是比对评估结果优秀和不合格的国家工程中心,在出现结果比对差距较大时,对专家打分表进行反复调整和校验,使得专家判断结果与官方组织的国家工程中心的运行评估结果大体保持一致,保证评估结果与实际情况吻合度较高,并在此基础上,最终确定专家打分矩阵,这在一定程度上规避了由于专家打分的主观性太强而造成的风险。

在实证分析中,由于科技资源对技术创新能力产生的作用具有时间上的延续性,因此本书选取 2012 年国家工程中心样本数据,作为被解释变量——技术创新能力指数的数据基础。基于 AHP 方法对创新基地的技术创新能力指数的测算过程如下:

Step1:构建判断矩阵

为检验以上提出的评价指标体系的科学性、合理性,根据 AHP 矩阵的设计方法,设计了"技术创新能力指标判断矩阵打分表"(见表 4-12),并邀请专家组成评价专家组,以函审方式发放打分表,请专家对指标体系的判断矩阵进行打分。根据基地专家建议上下层次之间重要性程度的权重采用 1-5 比例标度来表示,具体意义如下:1 表示两个元素同等重要,2 表示一个元素比另一个元素稍微重要,3 表示一个元素比另一个元素明显重要,4 表示一个元素比另一个元素强烈重要,5 表示一个元素比另一个元素极端重要。经统计分析,得到各项判断矩阵如表 4-12 所示。

表 4-12 技术创新能力指数判断矩阵打分表

		评价指标				
		F_1	F_2	F_3	…	F_n
评价指标	F_1					
	F_2					
	F_3					
	…					
	F_n					

在层次分析方法中,判断矩阵赋值对于最终指数获得的科学性和合理性至关重要。本书的判断矩阵由多位创新基地资深技术和管理专家进行评分,然后加权平均综合得到(如表 4-13 至表 4-15 所示)。

表 4-13 创新指数一级(A-B 级)指标判断矩阵

创新指数 A-B	经济贡献 B_1	知识技术创新 B_2
经济贡献 B_1	1	1/2
知识技术创新 B_2	2	1

表 4-14 经济贡献下级(B_1-C 级)指标判断矩阵

经济贡献 B_1-C	产品收入 C_1	技术性收入 C_2	承包工程收入 C_3	利税 C_4
产品收入 C_1	1	1/2	1	1/2
技术性收入 C_2	2	1	2	1
承包工程收入 C_3	1	1/2	1	1/2
利税 C_4	2	1	2	1

表 4-15 知识技术创新成果下级(B_2-C 级)指标判断矩阵

知识技术创新 B_2-C	发表论文 C_5	检索论文 C_6	完成项目 C_7	完成国家项目 C_8	完成省部项目 C_9	成果总数 C_{10}	获奖成果 C_{11}	专利申请 C_{12}	专利授予 C_{13}	专著 C_{14}
发表论文 C_5	1	1/2	2	1/2	1	1	1/3	2	1/2	1/3
检索论文 C_6	2	1	3	1	2	2	1/2	3	1	1/2
完成项目 C_7	1/2	1/3	1	1/3	1/2	1/2	1/4	1	1/3	1/4
完成国家项目 C_8	2	1	3	1	2	2	1/2	3	1	1/2
完成省部项目 C_9	1	1/2	2	1/2	1	1	1/3	2	1	1/3
成果总数 C_{10}	1	1/2	2	1/2	1	1	1/3	2	1	1/3
获奖成果数 C_{11}	3	2	4	2	3	3	1	4	2	1
专利申请 C_{12}	1/2	1/3	1	1/3	1/2	1/2	1/4	1	1/3	1/4
专利授予 C_{13}	2	1	3	1	2	2	1/2	3	1	1/2
专著 C_{14}	3	2	4	2	3	3	1	4	2	1

Step2：指标权重

幂法求解正矩阵 A 的最大特征值及特征向量的步骤如下：

（1）取 $k=0$，任取初始正向量 $X(k)=(x_1(k), x_2(k), \cdots, x_n(k))^T$，计算

$$m_0 = \left\| x^{(0)} \right\|_\infty = \max\{x_i^{(0)}\}, \quad y^0 = \frac{x^{(0)}}{m_0}$$

（2）迭代计算：

$$x^{(k+1)} = Ay^{(k)}, \quad m_{(k+1)} = \left\| x^{(k+1)} \right\|_\infty, \quad y^{(k+1)} = \frac{x^{(k+1)}}{m_{k+1}}$$

（3）检查，当 $|m(k+1)-m(k)|<\varepsilon$（取 $\varepsilon=0.001$）时进行步骤（4），否则令 $k=k+1$ 转（2）；

（4）将 $y(k+1)$ 归一化，即

$$\left\| y^{(k+1)} \right\|_1 = \sum_{i=1}^{n} y^{(k+1)}, \quad \omega = \frac{y^{(k+1)}}{\left\| y^{(k+1)} \right\|_1}, \quad \lambda_{\max} = m_{k+1}$$

$\lambda_{\max}$ 和 ω 就是所要求的特征根和特征向量（Matlab 程序见附录 2）。各指标权重计算如表 4-16 所示（取 $\varepsilon=0.001$）。

表 4-16　B 级指标相对 A 级指标权重计算表

K	0	1	2	3
$X(k)$	1	1.5	1	1
	1	3	2	2
$M(k)$	1	3	2	2
$Y(k)$	1	0.5	0.5	0.5
	1	1	1	1
$|m(k+1)-m(k)|<\varepsilon$		No	No	Yes
主特征向量（指标权重）		知识技术创新 B_1		0.3333
		经济贡献 B_2		0.6667

其中 k 表示迭代次数。

Step3：一致性检验

对所构造的判断矩阵进行一致性和随机性检验，检验公式为：$CR=$

CI/RI，其中 CR 为判断矩阵的随机一致性比率；CI 为判断矩阵的一致性指标，其表达式为：$CI = (\lambda_{max} - m)/(m-1)$，其中 λ_{max} 为最大特征根，m 为判断矩阵阶数；RI 为判断矩阵的平均随机一致性指标，RI 由大量实验给出，对于低阶判断矩阵，RI 取值列于下表，对于高于 12 阶的判断矩阵，采用近似方法，取 $CR = (\lambda_{max} - m)/(m-1)$。当 $CR<0.1$ 时，即认为判断矩阵满足一致性，说明权数分配是合理的；否则，需要调整判断矩阵，直到取得满意的一致性为止。层次分析法的平均随机一致性指标值如表 4-17 所示，从中可以看出以上检验均满足一致性检验。下面省略计算过程，只给出各级指标的权重计算结果，如表 4-18 至 4-19 所示。

表 4-17 平均随机一致性指标值

M	1	2	3	4	5	6	7	8	9	10	11	12
RI	0.00	0.00	0.52	0.89	1.12	1.26	1.36	1.41	1.46	1.49	1.52	1.54

表 4-18 经济贡献下级（B_1-C 级）指标权重

	产品收入 C_1	技术性收入 C_2	承包工程收入 C_3	利税 C_4
权重	0.1667	0.3333	0.166 667	0.3333

表 4-19 知识技术创新成果下级（B_2-C 级）指标权重

	发表论文 C_5	检索论文 C_6	完成项目 C_7	完成国家项目 C_8	完成省部项目 C_9	成果总数 C_{10}	获奖成果 C_{11}	专利申请 C_{12}	专利授予 C_{13}	专著 C_{14}
权重	0.061 05	0.109 75	0.035 91	0.109 75	0.061 05	0.106 67	0.035 91	0.035 91	0.109 75	0.185 08

因为本书判断矩阵采用 1-5 比例标度，为说明一致性检验的有效性，根据徐泽水（1998）中提到的新标度法与 1-9 比例标度的一致性检验的转换方法，将五分制的判断矩阵转换为九分制的判断矩阵并进行一致性检验。1-5 比例标度和 1-9 比例标度的映射法则如表 4-20 所示。

表 4-20 比例标度映射表

1-9 比例标度	1-5 比例标度	含义
1	1	两元素相比，具有同等重要性
3	2	两元素相比，一个元素比另一个元素稍微重要
5	3	两元素相比，一个元素比另一个元素明显重要
7	4	两元素相比，一个元素比另一个元素强烈重要
9	5	两元素相比，一个元素比另一个元素极端重要

例如，将表4-14经济贡献下的指标判断矩阵映射成1-9比例标度后，其判断矩阵变为表4-21。

表4-21 经济贡献下级（B_1-C级）指标判断矩阵（1-9比例标度）

经济贡献 B_1-C	产品收入 C_1	技术性收入 C_2	承包工程收入 C_3	利税 C_4
产品收入 C_1	1	1/3	1	1/3
技术性收入 C_2	3	1	3	1
承包工程收入 C_3	1	1/3	1	1/3
利税 C_4	3	1	3	1

映射成1-9比例标度的检验结果如表4-22所示。结果显示，转换成九分制后的判断矩阵满足一致性检验。

表4-22 一致性检验结果（1-比例标度）

内容	特征值	CI/CR	一致性检验
创新指数	2	$CR = 0$	满足
经济贡献	4	$CR = 0$	满足
知识技术创新成果	10.2686	$CR = 0.0200$	满足

本书通过对不同技术领域、不同单位性质以及不同区域三个方面的划分，测算出具体技术创新能力总指数和平均指数、经济效益总指数和平均指数以及知识创新总指数和平均指数，如图4-4~图4-7和表4-23所示。

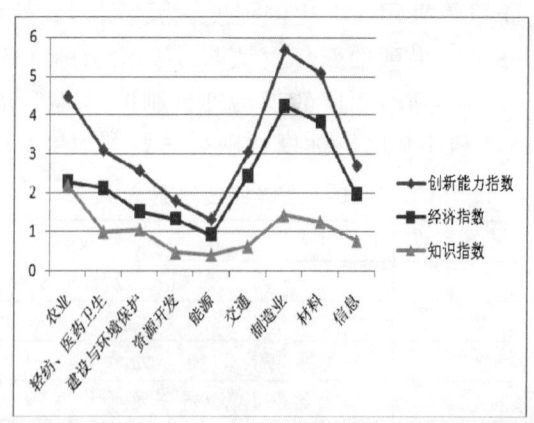

图4-4 按技术领域划分的技术创新能力总指数

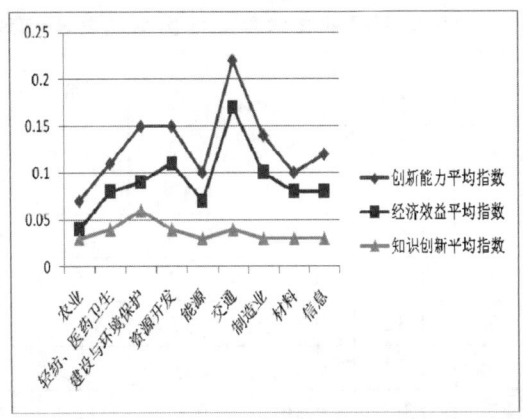

图 4-5 按技术领域划分的技术创新能力平均指数

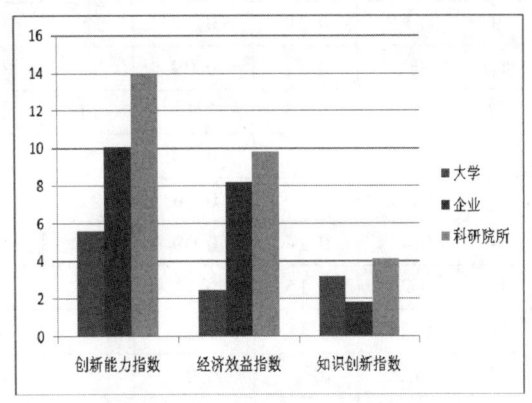

图 4-6 按单位性质划分的技术创新能力总指数

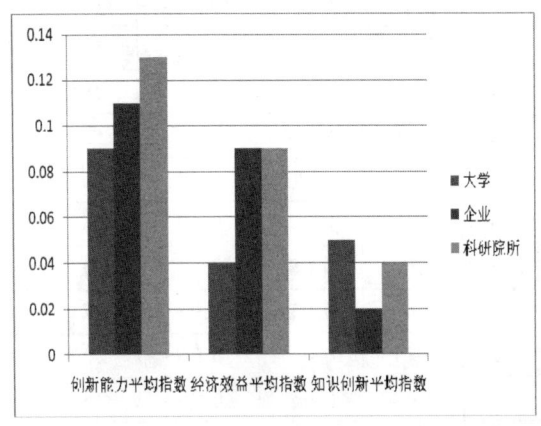

图 4-7 按单位性质划分的技术创新能力平均指数

表 4-23 按地区划分的技术创新能力总指数和平均指数

地区	创新能力指数	排名	经济效益指数	知识创新指数	创新能力平均指数	排名	经济效益平均指数	知识创新平均指数
北京	7.48	1	4.98	2.5	0.13	5	0.09	0.04
江苏	2.72	2	1.95	0.77	0.14	4	0.1	0.04
重庆	2.44	3	1.92	0.52	0.24	2	0.19	0.05
山东	2.01	4	1.31	0.7	0.08	18	0.05	0.03
四川	1.74	5	1.32	0.42	0.13	7	0.1	0.03
安徽	1.56	6	1.24	0.32	0.26	1	0.21	0.05
广东	1.43	7	1.07	0.36	0.1	12	0.08	0.03
河南	1.38	8	1.15	0.23	0.15	3	0.13	0.03
浙江	1.16	9	0.87	0.29	0.12	9	0.09	0.03
湖北	1.12	10	0.6	0.52	0.09	14	0.05	0.04
辽宁	1.06	11	0.71	0.35	0.11	11	0.07	0.04
天津	0.89	12	0.68	0.21	0.13	8	0.1	0.03
上海	0.78	13	0.39	0.39	0.06	22	0.03	0.03
湖南	0.65	14	0.41	0.24	0.09	15	0.06	0.03
黑龙江	0.42	15	0.27	0.15	0.11	10	0.07	0.04
河北	0.39	16	0.21	0.18	0.13	6	0.07	0.06
新疆	0.3	17	0.2	0.1	0.06	23	0.04	0.02
陕西	0.29	18	0.13	0.16	0.06	21	0.03	0.03
甘肃	0.24	19	0.21	0.03	0.08	17	0.07	0.01
福建	0.23	20	0.09	0.14	0.06	19	0.02	0.04
江西	0.22	21	0.1	0.12	0.04	28	0.02	0.02
贵州	0.2	22	0.16	0.04	0.1	13	0.08	0.02
吉林	0.2	23	0.1	0.1	0.05	26	0.03	0.03
云南	0.18	24	0.14	0.04	0.09	16	0.07	0.02
广西	0.15	25	0.07	0.08	0.05	24	0.02	0.03
宁夏	0.14	26	0.09	0.05	0.05	27	0.03	0.02
内蒙古	0.12	27	0.11	0.01	0.06	20	0.06	0.01
海南	0.09	28	0.04	0.05	0.05	25	0.02	0.03
青海	0.04	29	0.02	0.02	0.04	29	0.02	0.02

4.4 中介变量——科技成果转化

科技成果转化是一个复杂的知识转化、价值创造过程，科技成果转化效率的高低直接影响一个国家或地区科技资源的配置效率以及经济发展方式的转变进程。国外关于科技成果转化的理论很多，如技术差距理论、中间技术理论、需求资源关系理论、技术转移选择理论、技术转移内部化理论、技术寿命周期理论。Angulo等（2011）认为政府在科技成果转化中的作用在于对知识的重构。在知识构建和部署中，一个创新项目往往存在技术缺陷并且需要与可替代系统之间的决策做斗争。原则上，一个向下兼容现有系统的新技术优于技术革命。从头开发革命性的创新比研发兼容性创新的系统面临更高的风险和不确定性。在扩散过程中，革命性技术的采用者需要付出昂贵的成本建立新市场（David 和 Steinmueller，1994）。即便如此，在赶超的情况下，国家仍可以选择革命性的创新路径。现存的供应商通常来自发达国家，控制着关键技术和技术市场。他们并不想支持本地新进入者开发他们的自主系统，因为这会威胁他们在这个国家的市场优势。技术类型的选择和发展阶段的技术路径影响着知识部署和扩散结果。在研发阶段中，政府扮演着帮助识别不同但互补的创新项目所需知识的潜在角色，以完成知识建构这一挑战。在扩散阶段，一个关键的挑战是如何在广阔范围内动员熟悉技术和市场的企业加入，为技术开发的商业化建立业务价值链。对于政府来说，形成一个适当组织结构设置，以帮助在创新计划中部署不同类型的知识是一个巨大的挑战。Borrás 和 Edquist（2013）对政策、经济转移和某些软性的政府干预手段做了分类。首先，政策手段背后的逻辑是"用政府意志识别交互作用的框架代替采用社会和经济的"。政策手段通常有法律、法规或行政指令的形成，等等。政府通过制定国家相关政策，可以限制或促进特定技术的使用和发展（Baird（2007））。

基于上述分析，本书将科技成果转化作为中介变量进行实证分析，并按照科技成果的重要阶段将科技成果转化的评测指标分为技术转移和科技成果扩散（表 4-24）。技术转移主要是从科技成果转化的方式角度来界定，科技成果转化主要是从科技成果转化的功能角度来界定。《世界经济百科全书》中将技术转移解释为人、物和信息的转移。联合国

表 4-24 科技成果转化中介变量测量指标

中介变量	评价指标	来源
技术转移	以技术入股方式转化的科技成果数	Don Harris（2004） Jian Cheng Guan 等 （2006）
技术转移	以技术转让方式转化的科技成果总数	Don Harris（2004） Jian Cheng Guan 等 （2006）
技术转移	以技术承包方式转化的科技成果总数	Don Harris（2004） Jian Cheng Guan 等 （2006）
技术转移	以技术服务方式转化的科技成果总数	Don Harris（2004） Jian Cheng Guan 等 （2006）
科技成果扩散	推广的新技术（工艺）	Tae Kyung Sung （2009） Amy H.I. Lee 等 （2010） 李玲娟等（2014）
科技成果扩散	推广的新产品	Tae Kyung Sung （2009） Amy H.I. Lee 等 （2010） 李玲娟等（2014）
科技成果扩散	推广的新设备	Tae Kyung Sung （2009） Amy H.I. Lee 等 （2010） 李玲娟等（2014）

《国际技术转移行动守则》中写到技术转移其实是知识转移，知识从产生的地方转移到使用的地方。技术转移的内容包括知识、信息、专利等，其目的是更好地实现知识的应用和利用。科技成果转化不仅包括科技成果本身的转移转让，也包括新工艺、新方法、新设备、专利技术的应用和推广。本书所提出的科技成果转化的两个阶段，即技术转移和科技成果扩散阶段，与《国际技术转移行动守则》中对于技术转移的内涵定义类似。

4.5 调节变量——政府和市场

目前，在学术界存在不同的配置模式理论，主要的配置模式分为政府配置和市场配置。在任何一种经济体下，这两种配置作用相互影响、相互促进相互制约。在市场经济体制下，政府只能发挥部分作用，而市场才是促进经济和社会发展、提高科技竞争能力的最重要的决定力量。本书提出政府和市场配置的两个主要手段是科技计划项目和资金投入支持（表 4-25）。无论在西方发达国家还是在我国，这两种支持方式都是政府和市场发挥作用的重要途径。由于资金来源的不同，对技术创新的影响作用也是不同的。李晨（2009）将研发资金分为政府资金、企业资金、金融机构贷款三种类型，并验证了资金来源渠道的不同对技术创新会产生不同的影响。

表 4-25　政府和市场调节变量测量指标

配置模式	调节变量	测量指标	来源
政府	政府计划项目	承担国家级和省部级等政府科技计划项目总数	Soogwan Doha, Byungkyu Kimb（2014） 李晨（2009）
政府	政府资金投入	政府投入的其他经费	Soogwan Doha, Byungkyu Kimb（2014） 李晨（2009）
市场	市场来源项目	包括从市场所获得的企业委托项目、自主开发项目（包括大型成套工程项目）等	Soogwan Doha, Byungkyu Kimb（2014） 李晨（2009）
市场	社会资金投入	通过风险投资、银行贷款、利用外资和自筹资金获得的资金总数	Soogwan Doha, Byungkyu Kimb（2014） 李晨（2009）

本书根据温忠麟等（2005）考虑的最常用的调节模型，检验调节效应是否存在。首先将自变量和调节变量做中心化变换，若自变量 X 对因变量 Y 的影响作用受到第三个变量 M 的影响，则可以假设 Y 与 X 有关系：$Y = aX + bM + cX \cdot M + e$，其中 X 和 M 相乘：$X \cdot M$，表示变量 X 和变量 M 的交叉项，它的系数 c 衡量了调节效应的大小。

4.6　控制变量

企业、研发机构、高等学校是国家工程中心的重要依托主体，这三者在科技创新活动中，采取的方式和模式各有不同，国家对科研院所、高等院校和企业，无论是在政策上还是在资金引导上，存在很大差异。我国企业、高校与科研院所在科技创新体系中发挥了不同作用，扮演着各自不同的重要角色，如图 4-8 所示。

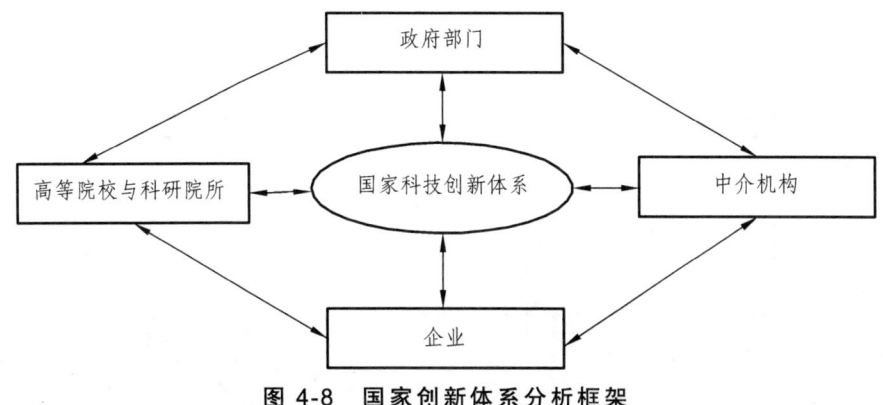

图 4-8　国家创新体系分析框架

国内外不少研究表明,不同类型的科技创新主体对于技术创新的影响作用是不同的。依托企业、高校和科研院所组建的国家工程中心,作为国家创新体系的重要组成部分,无论在科技资源的拥有,还是科技创新活动的开展方面都因所依托单位的性质存在很大差异,因此本书将国家工程中心依托单位性质(QU)作为控制变量,对其进行回归分析。其中,QU-1代表依托高校组建的国家工程中心样本数据,QU-2代表依托企业组建的国家工程中心样本数据,QU-3代表依托科研院所组建的国家工程中心样本数据。

因为国家工程中心技术领域不同,其科技资源配置与科技成果转化过程也存在较大差异,特别是农业领域与高新技术领域,在科研活动创新中各具特色,因此,本书将技术领域也作为控制变量之一。其中TD-1代表农业领域,TD-2代表能源与交通领域,TD-3代表建设与环境保护领域,TD-4代表资源开发领域,TD-5代表制造业领域,TD-6代表电子与信息通信领域,TD-7代表新材料领域,TD-8代表轻纺医药卫生领域。需要说明的是,在后续的实证分析中,由于TD-8轻纺医药卫生领域的数据部分信息不全,因此在实证分析中,没有将该领域的样本数据纳入统计分析。

综上所述,实证研究对象的变量定义如表4-26所示。

表4-26 各变量定义表

变量类型	变量符号	变量符号	变量含义	变量取值及方法说明
解释变量	人力资源	HR	人员情况	人员总数
	财力资源	FR	资产和实际投资	资产额/投入额
	物力资源	IR	仪器和基础设施	大型仪器、设备和实验室总数
	信息资源	TAR	论文和专利情况	检索论文和发明专利数
被解释变量	技术创新能力	TIA	技术创新能力指数	通过AHP方法统计
中介变量	科技成果转化	TS	技术转移	以技术入股、技术服务、技术转让、技术咨询等方式形成的科技成果数量
		STAS	科技成果扩散	推广的新技术(工艺)、新产品、新设备
调节变量	政府作用	GP	政府计划项目	国家级项目和省部级项目总数
		GC	政府资金投入	政府投入资金总额

续表 4-26

变量类型	变量符号	变量符号	变量含义	变量取值及方法说明
调节变量	市场作用	MP	市场来源项目	市场来源项目总数
		MC	社会资金投入	社会资金、风险投资和自筹资金等
控制变量	技术领域	TD-1	农业	归该领域取值为1，否则为0
		TD-2	能源与交通	归该领域取值为1，否则为0
		TD-3	建设与环境保护	归该领域取值为1，否则为0
		TD-4	资源开发	归该领域取值为1，否则为0
		TD-5	制造业	归该领域取值为1，否则为0
		TD-6	电子与信息通信	归该领域取值为1，否则为0
		TD-7	新材料	归该领域取值为1，否则为0
		TD-8	轻纺医药卫生	归该领域取值为1，否则为0
	单位性质	QU-1	依托高校	归该单位取值为1，否则为0
		QU-2	依托企业	归该单位取值为1，否则为0
		QU-3	依托科研院所	归该单位取值为1，否则为0

4.7 本章小结

本章根据第 3 章的案例分析，提出了科技资源配置对技术创新能力的直接影响模型和间接影响模型。在模型分析中，科技资源作为解释变量，技术创新能力作为被解释变量，科技成果转化作为中介变量，政府和市场作用作为调节变量，国家工程中心依托单位性质作为控制变量。本章还对科技资源、技术创新能力、科技成果转化、政府和市场等各变量的测量指标进行了说明，为进一步进行实证研究奠定基础。

5 科技资源配置对技术创新能力的直接影响模型

本章基于科技资源配置对技术创新能力的直接影响模型，分析研究科技资源对技术创新能力产生的直接作用机制，以及政府和市场在科技资源对技术创新能力影响作用中的调节作用，以国家工程中心为研究对象进行实证分析和假设检验，分析在科技资源配置中影响技术创新能力提升的关键配置要素，为更好发挥政府和市场在科技资源配置中的作用提供了依据。

5.1 科技资源对技术创新能力的影响

在知识经济时代，创新是一个社会过程（Soogwan Doha 和 Byungkyu Kimb（2014）），不可能孤立的实现，创新网络更像是一种社交网络（Hidalgo 和 Albors（2008），Landry 等（2007））。在市场中参与者建立起彼此之间的技术网络（协作关系和伙伴关系），构成创新的重要途径。各国政府试图推动建立创新联盟，帮助中小企业建立实现跨部门、跨领域、跨国界合作的网络体系。政府试图建立和维护创新集群，从而提高中小企业在创新网络中获取信息的能力，最终提高中小企业技术创新能力（Potter 和 Proto（2006））。以美国联邦政府发布的新国家创新战略为例，新战略强调，美国高度竞争和开放的市场体系激励着国内特别是私营机构大力创新，不断开发和应用新产品和新服务，并最终成为高效吸引和利用资金、人力的调控主体，因此私营机构无疑成为美国创新和促进经济繁荣发展的重要引擎。但是，实践经验及研究结果表明，创新能力的提高不能仅依赖市场和私营机构，当某些关键的创新领域竞争失效时，还要靠政府的支持和参与。可以说，政府在创新能力建设上扮演着难以替代的角色。

5.1.1 假设条件和实证检验

根据第 2 章科技资源配置理论和相关研究结论，科技资源对技术创新能力有着必然的影响关系，特别是创新主体内部资源的利用，以及创新主体利用内部资源在创新过程中产生的组织行为在研发活动中对提升技术创新能力至关重要。在第 4 章中提出的科技资源配置对技术创新能力的直接影响模型，更多体现了创新主体的自有内部创新资源对于创新过程的主导性和对创新成果的可支配性。如何利用高质量、高规模的科技资源存量，并通过管理、制度等手段实现人力、财力、物力资源的合理配置，是开展高水平科技创新活动、产生原创性科技成果的必要前提和保障条件。也就是说，科技资源的规模、质量和利用是衡量科技资源水平的标准，直接决定着技术创新能力的水平。

本章提出了科技资源对技术创新能力的影响关系相关假设（图 5-1）：

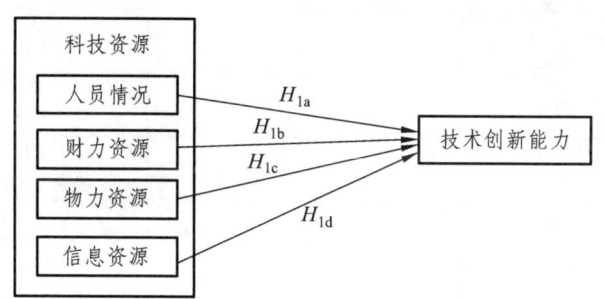

图 5-1 科技资源对技术创新能力的直接影响关系假设

H_{1a}：人力资源对技术创新能力具有显著的正向影响作用；
H_{1b}：财力资源对技术创新能力具有显著的正向影响作用；
H_{1c}：物力资源对技术创新能力具有显著的正向影响作用；
H_{1d}：信息资源对技术创新能力具有显著的正向影响作用。

表 5-1 给出了科技资源对技术创新能力影响的回归分析结果，共包括 2 个模型。模型Ⅰ的解释变量只有控制变量（技术领域 TD 和依托单位性质 QU）。模型Ⅱ在控制变量的基础上增加了科技资源，以验证科技资源对技术创新能力的影响。

表 5-1　科技资源对技术创新能力的影响的回归分析结果

变量	模型 I	模型 II
Constant	-0.296 (0.218)	-0.216 (0.153)
TD-1	-0.345 (0.227)	-0.044 (0.160)
TD-2	0.214 (0.261)	0.211 (0.183)
TD-3	0.176 (0.308)	0.122 (0.216)
TD-4	0.244 (0.269)	0.213 (0.16)
TD-5	0.502* (0.259)	0.419** (0.180)
TD-6	0.382 (0.337)	0.450* (0.234)
QU-1	-0.109 (0.222)	-0.149** (0.161)
QU-2	0.469** (0.186)	0.216* (0.134)
HR		0.521*** (0.055)
TR		0.205*** (0.058)
IR		0.120** (0.052)
FR		0.414*** (0.053)
R^2	0.147	0.605
调整后 R^2	0.102	0.574
F	3.327***	19.305***

注：$N=164$；***，**，*分别表示显著性水平为 0.01，0.05，0.10；括号内为回归系数的标准差。

模型的 DW 值为 1.834，可以判定该模型不存在残差的序列相关性问题；各解释变量的 VIF 值在 1.051～1.749，可以判定模型中各解释变量之间不存在多重共线性问题；根据模型得到的残差序列及其预测值计算 Spearman 等级相关系数，其值为 0.073，在 0.05 的显著性水平下不显著，可以判定该模型不存在异方差问题。

模型Ⅱ中，人力资源与技术创新能力的回归系数在 0.01 的显著性水平下显著（$B = 0.521$，$P<0.01$），表明人力资源对技术创新能力起到了促进作用，假设 H_{1a} 成立；财力资源与技术创新能力的回归系数在 0.01 的显著性水平下显著（$B = 0.414$，$P<0.01$），表明财力资源对技术创新能力起到了促进作用，假设 H_{1b} 成立；物力资源与技术创新能力的回归系数在 0.05 的显著性水平下显著（$B = 0.120$，$P<0.05$），表明物力资源对技术创新能力起到了促进作用，假设 H_{1c} 成立；信息资源与技术创新能力的回归系数在 0.01 的显著性水平下显著（$B = 0.205$，$P<0.01$），说明信息资源对技术创新能力起到了促进作用，假设 H_{1d} 成立。

综上所述，科技资源中的人力资源、财力资源、物力资源和信息资源对技术创新能力具有积极的正向影响作用。

5.1.2 主要结论和分析

科技资源包含从事科技创新和开发活动时所需要的工具和手段，是保障科技发展的重要支撑，是衡量一个国家科技实力、经济和社会发展水平的重要标志之一。科技资源的规模和质量是提高技术创新能力的重要基础条件。科技资源配置对技术创新能力具有直接的积极影响。根据回归分析结果，可以看到，科技资源的各个要素（人力、财力、物力和信息资源）对技术创新能力都具有直接的正向促进作用。人力资源对技术创新能力的促进作用略大于财力资源对技术创新能力的正向促进作用；信息资源对技术创新能力的促进作用略大于物力资源对技术创新能力的正向促进作用，这与何庆丰等（2009）的观点相似。科技人力资源具有主观能动性，既是科技活动的发起者，也是科技活动的受益者，同时还是其他科技资源的利用者。科技财力资源可以调控和配置其他人力、物力和信息资源，在充分竞争的经济社会中，各类科技资源的聚集、利用和价值体系，是产生其他更多科技资源的应用基础。

科技资源是科学技术发展的基础和条件，是国家科技进步及科技创新的保障和物质支撑，已经成为各国家在新时期争先争抢的战略资源。科技资源的拥有、配置和利用方式的优劣，特别是科技资源的规模和共享程度的高低，日益成为决定国家科技强弱甚至国家兴衰的关键要素之

科技资源配置对技术创新能力的影响研究
Study on the Influence Relationship Between Science and
Technology Resource Allocation and Technological Innovation ▶ ▶ ▶

一。经过几十年的持续快速发展，我国经济总量已经跃居世界第二，发明专利授权量居世界第二，中国用于研发的投资占全球20%，跃居世界第二，科研人员数量也跃居世界第二，占全球总量的19%。2014年，全社会R&D支出达到13 400亿元，其中企业支出占76%以上，R&D占GDP比重达2.09%；国际科技论文数量稳居世界第2位，被引次数逐年上升至第4位；国内有效发明专利达66万件，比上年增长12%；全国技术合同成交额8 577亿元，比上年增长14.8%；高技术产业主营收入达13万亿元，比上年增长12%；工业增加值、研发投入、发明专利、新产品数量和利税持续快速增长，在经济面临较大下行压力的情况下逆势上扬，一系列科技创新的成果显著提高了我国自主创新能力，对稳增长、转方式、调结构、惠民生发挥了重要的引领和支撑作用。科技创新能力也显著增强，科研体系日益完善，整体水平处于从量的增长向质的提升的跃升期。目前我国科技资源的存在、科技资源地区分布高度不均，知识产权归属问题还没有得到解决，政府对科技资源的宏观协调管理力度不足，导致科技资源的共享利用现状不容乐观。在不断扩大存量资源的规模和质量的同时，通过增量资源来调控存量资源是优化科技资源配置的有效途径。与此同时，我国的技术积累到了一定阶段，技术发展状态在全球图景中有一些新的变化，我国已有17%的技术达到国际领先水平，这就意味着这些领域的技术创新已没有现成的模仿跟踪标杆，也没有既成的技术范式，对于这部分技术来说，技术革新依赖于原始创新，现有的资源配置结构无法适应其技术进步的需求，因而需要对资源配置结构进行相应的调整。

科技资源的配置有着自身的内在规律和发展规律，从量变到质变就是规律中科技资源配置规模的反应。科技资源配置达不到一定的规模，就无法产生"规模效应"，无法在实施创新驱动发展战略的国际竞争中占有一席之地。为更好地促进技术创新，提升技术创新能力，需要在已有科技资源存量的基础上，注重扩大科技资源配置增量和保障质量，通过增量资源来调控存量资源，使在科技资源各个要素包括知识、技术、管理、资本的活力竞相迸发，释放巨大的发展潜力，更好地全面支撑科技创新。在扩大科技资源规模的基础上，需要合理解决科技资源的配置结构问题，依据技术创新的目标来调整科技资源的分布和比重，合理分配和利用科技资源，提高利用效率。同时，应以存量扩增量，推动科技资源共享融合是优化资源配置的重要路径。当前，由于科技资源分布的不均衡、不合理，很多中小型企业虽有研发需求，却无力购买仪器设备，为了一些实验还要专门跑去北京、上海等科技资源丰富的地方，浪费大量的时间和精力，而在一些大型院所，设备重复购置、闲置现象却十分严重。搭建科技资源共享服务平台，将分散于院所、高校、企业围墙内的设备、技术、信息重新"排列组合"，充分统筹整合现有的科技资源，盘活资源存量，扩大资源增量，积极推动科技资源共享，是解决科技资源存量分散、聚集难的重要途径，同时也是释放我国科技实力的重要途径。与此同时，对于大型科学仪器等科技资源的管理人员而言，也能通过搭建平台获得更多与同行交流的机会，从而提升技能水平，提高服务质量，推动科技成果转化工作的进行，在一定程度上也能提高整体科研水平，促进创新能力的提升。

5.2 政府的调节作用

5.2.1 假设条件和实证检验

一个国家的科技资源配置活动成果具有公用属性，以政府为主导进行的科技资源投入是公共财政投入，具有公用事业投资的特征和性质，因此从某种意义上说，在某些国家干预的领域范围内，随之产生的科技成果也自然具有一定的"非排他性"，需要政府的支持。在一些国家，政府在创新基地的科技资源建设中主要发挥两方面作用：一是根据国家经济发展的需要和特点，瞄准战略性产业方向对创新基地的重点领域和重点机构进行布局；二是对创新基地给予早期启动经费。例如美国政府对于国家制造业创新研究院的首期投入为 3 000 万美元，对关键材料研究能源创新中心的资助金额为 1.2 亿美元；英国政府对于技术创新中心的投资为四年内 2 亿英镑；以国家工程中心为例，我国政府对国家工程中心的资助主要内容为基础设施建设和仪器设施购置等方面，资金资助为一次性资助，资助期限为 3 年，通过验收且验收结果为优秀的国家工程中心，以及通过运行评估且运行评估为优秀的国家工程中心，也被给予一定的经费支持。三是通过对科技计划项目的设置来引导创新基地的发展方向。对于国家工程中心，在承担国家科技计划方面我国政府给予了一定的倾斜。科技计划是政府支持科技创新活动的重要方式。改革开放以来，我国先后设立了一批科技计划，为增强国家科技实力、提高综合竞争力、支撑引领经济社会发展发挥了重要作用。

汪涛、李石柱（2002）认为政府资源配置模式主要包括税收优惠政策、政府采购、财政资助、融资信用担保和贷款贴息等。刘小元、林嵩（2013）认为政府补贴与企业自身对科技研发资金和人才的投入具有正相关性，即政府提供的所得税优惠等补贴方式能够提升技术创新水平，促进创新主体的创新创业活动。Griliches等（1989）提出，即使政府对于企业的研发投入有时会产生溢出效应，但这并不能说明政府的研发投入对于技术创新的作用小。朱平芳、徐伟民（2003）通过分析上海财政政策对于专利产出的影响，提出政府资金投入和税收优惠等政策与专利产出增长具有正相关性。李习保（2007）以专利量作为创新成果的测量指标，得出政府对科技支持力度的大小能够显著影响技术创新能力。孙杨等（2009）经实证分析后提出政府资金每增加1%，专利申请数量增加0.166%。而余泳泽、周茂华（2010）则通过对高新技术产业的实证分析，提出政府支持政策没有使研发效率得到提高。

通过以上分析，本书提出如下假设（图5-2）：

假设H2：政府计划项目在科技资源对技术创新能力的影响关系中具有正向调节作用；

假设H3：政府资金投入在科技资源对技术创新能力的影响作用中具有正向调节作用。

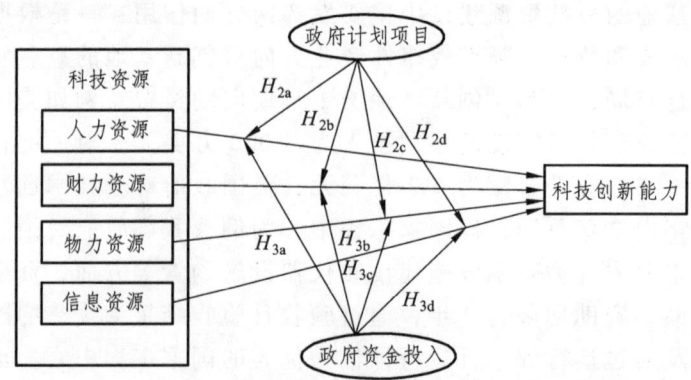

图5-2 政府在科技资源对技术创新能力的影响关系中的调节作用假设

▶▶▶ 5 科技资源配置对技术创新能力的直接影响模型

表 5-2 给出了政府在科技资源对技术创新能力的影响作用中的调节作用的回归分析结果,共包括 5 个模型。模型Ⅱ在模型Ⅰ的基础上增加了科技资源和政府计划项目,模型Ⅲ在模型Ⅱ的基础上增加了政府计划项目和科技资源的交叉项,以验证政府计划项目的调节作用。模型Ⅳ在模型Ⅰ的基础上增加了科技资源和政府资金投入,模型Ⅴ在模型Ⅳ的基础上加入了政府资金投入和科技资源的交叉项,以验证政府资金投入的调节作用。

表 5-2 政府在科技资源对技术创新能力影响关系中的调节作用回归分析结果

变量	模型Ⅰ	模型Ⅱ	模型Ⅲ	模型Ⅳ	模型Ⅴ
Constant	-0.296 (0.218)	-0.224 (0.153)	-0.165 (0.150)	-0.207 (0.154)	-0.197 (0.154)
TD-1	-0.345 (0.227)	-0.063 (0.163)	-0.063 (0.157)	-0.039 (0.161)	-0.004 (0.161)
TD-2	0.214 (0.261)	0.223 (0.184)	0.244 (0.179)	0.210 (0.183)	0.214 (0.183)
TD-3	0.176 (0.308)	0.098 (0.219)	0.014 (0.215)	0.117 (0.217)	0.118 (0.215)
TD-4	0.244 (0.269)	0.202 (0.187)	0.169 (0.184)	0.232 (0.189)	0.270 (0.189)
TD-5	0.502* (0.259)	0.423** (0.181)	0.500*** (0.182)	0.417** (0.181)	0.379** (0.181)
TD-6	0.382 (0.337)	0.467** (0.235)	0.455** (0.229)	0.448* (0.235)	0.542** (0.241)
QU-1	-0.109 (0.222)	-0.140 (0.161)	-0.155 (0.153)	-0.152 (0.161)	-0.104 (0.162)
QU-2	0.469** (0.186)	0.238* (0.137)	0.281** (0.138)	0.197 (0.139)	0.180 (0.138)
HR		0.513*** (0.056)	0.508*** (0.055)	0.527*** (0.056)	0.575*** (0.060)
TR		0.181*** (0.066)	0.377*** (0.097)	0.205*** (0.058)	0.162** (0.063)
IR		0.109** (0.054)	0.149** (0.065)	0.122** (0.053)	0.171*** (0.057)
FR		0.409*** (0.054)	0.382*** (0.054)	0.427*** (0.059)	0.425*** (0.059)
GP		0.049 (0.067)	0.056 (0.069)		
GC				-0.032 (0.060)	-0.020 (0.094)

续表 5-2

变量	模型 I	模型 II	模型 III	模型 IV	模型 V
HR*FR			0.089* (0.045)		
TR*GP			0.160*** (0.056)		
IR*GP			−0.033 (0.027)		
FR*GP			−0.008 (0.048)		
HR*GC					0.095 (0.075)
TR*GC					−0.199* (0.121)
IR*GC					−0.200** (0.094)
FR*GC					−0.036 (0.042)
R^2	0.147	0.605	0.643	0.606	0.624
ΔR^2	0.102	0.574	0.601	0.572	0.580
F	3.327***	17.808***	15.437***	17.759***	14.236***
ΔF			3.647***		1.703

注：$N=164$；***，**，*分别表示显著性水平为 0.01，0.05，0.10；括号内为回归系数的标准差。

模型 III 的 DW 值为 1.914，可以判定该模型不存在残差的序列相关性问题；各解释变量的 VIF 值在 1.109~3.850 之间，可以判定模型中各解释变量之间不存在多重共线性问题；根据模型得到的残差序列及其预测值计算 Spearman 等级相关系数，其值为 0.118，在 0.05 的显著性水平下不显著，可以判定该模型不存在异方差问题。模型 V 的 DW 值为 1.838，可以判定该模型不存在残差的序列相关性问题；各解释变量的 VIF 值在 1.059~4.740 之间，可以判定模型中各解释变量之间不存在多重共线性问题；根据模型得到的残差序列及其预测值计算 Spearman 等级相关系数，其值为 0.097，在 0.05 的显著性水平下不显著，可以判定该模型不存在异方差问题。

表 5-2 中模型 Ⅱ 到模型 Ⅲ 的 F 的变化系数显著（$\Delta F = 3.647, P<0.01$），表明政府计划项目在科技资源对技术创新能力的促进作用中起到明显的调节作用。模型 Ⅲ 中信息资源和政府计划项目的交叉项与技术创新能力的回归系数在 0.01 的显著性水平下显著（$B = 0.160, P<0.01$），人力资源和政府计划项目的交叉项与技术创新能力的回归系数在 0.10 的显著性水平下显著（$B = 0.089, P<0.10$），这说明政府通过科技计划项目影响国家工程中心的信息资源和人力资源，从而对国家工程中心技术的创新能力起到积极的调节作用，假设 H_{2a}、H_{2d} 成立。因为财力资源以及物力资源和政府项目的交叉项与技术创新能力的回归系数在 0.10 的显著性水平下不显著（$B = -0.008, P>0.10; B = -0.033, P>0.10$），所以政府科技计划项目通过财力资源和物力资源对国家工程中心技术的创新能力的调节作用不存在，假设 H_{2b}、H_{2c} 不成立。

由于表 5-2 中模型 Ⅳ 到模型 Ⅴ 的 F 的变化系数不显著（$\Delta F = 1.073, P>0.10$），表明政府通过向国家工程中心直接投入科研资金，并不能对国家工程中心的技术创新能力起到调节作用，故假设 H_3 不成立。

5.2.2 主要结论与分析

主要发达国家一直认为市场配置模式是科技资源配置的最优配置方式，但市场配置模式由于分配效率低、分配成高等问题，也存在着不足之处，甚至在某些领域会导致科技资源配置的失灵，也就是"市场失灵"的问题，从某种意义上说，以政府为主导的科技资源配置模式是对市场配置因素的一种缺陷弥补。政府对科技资源中的主导作用更多体现为在宏观上提供方向指引。

一方面，对于创新基地这一具有中国特色的创新载体而言，其拥有的科技资源在某种程度上来说往往具有公共属性，具有公共物品或准公共物品性质的特征。西方主流经济学理论一直认为市场，也就是处在完全竞争的市场经济条件下，在一系列理想的假设条件下，市场可以使得整个经济环境达到均衡状态，也就是科技资源配置在市场条件下可以达到帕累托最优状态。然而，在现实中，社会中的竞争状态往往是不充分的，也就是说市场机制存在"失灵"现象，无法自行达到帕累托最优状态。经济学理论认为，在垄断、外部性、公共物品和不完全信息这四种情况中的任意一种状况下，可以进行一定的政府干预，往往可以产生更好的效果。创新基地的科技资源恰好体现了公共物品的属性。

另一方面，科技资源配置的规模大小往往反映出了政府和市场的投入规模和政策倾向，决定了知识创新和技术创新的水平和质量。一个国家对于本国科技资源配置问题越重视，科技资源配置规模越大，同样，一个国家对于科技资源配置问题的重视程度不高，对科技创新政策的规划、计划不力，则其科技发展水平会在国际竞争中处于被动地位，科技创新能力相对较弱，科技发展水平也会相对滞后。

在我国，政府科技资源配置同时也引入了大量市场化运作方式，盘活科技资源存量，扩大科技资源规模。以国家重大科技专项为例，在国家重大专项实施过程中，对于科技资源的投入形成了以政府为引导，高等院校、科研院所、企业等单位共同积极参与的良好发展格局。在科技资源配置中，改变了原有行政调配或计划分配项目研发成员的方式，而是凝聚各参与方感兴趣且优秀的科研人员。这种不是单靠行政命令而是以荣誉感和使命感而凝聚起来的研发团队，使得人员配置更加合理，流动更趋理性，产生的合力更加大，科研人员的科研环境大大改善，极大地调动了人的积极性和创造性。政府采取干预，既要防止市场失灵状况的出现，也要防止市场在技术、产业领域内追求利润的目标过高，要弥补市场作用的有限性，最终实现关键技术领域的突破，抢占技术制高点。可以说，国家重大科技政策、规划和计划的实施证实了我国在科技资源配置改革方面的有效性。在市场对科技资源配置发挥了基础性作用的前提下，同时进行了积极的政府干预，是在市场化背景下探索科技资源配置融合市场科技资源配置路径的重要经验。

通过上述分析结果看出，政府计划项目在人力资源、信息资源与技术创新能力关系中具有正向调节作用，也就是说，创新基地承担越多的科技计划项目，人力资源、信息资源对技术创新能力的促进作用越明显。相对而言，政府计划项目在财力资源、物力资源与技术创新能力的关系中不具有显著的调节作用，即使创新主体获得科技计划项目支持额，也无法有效提升创新基地本身的资金、仪器设备等科技资源对技术创新能力的支撑作用，更无法达到有效配置财力资源和物力资源的目的。

政府科技计划对于创新能力的调节作用，更多的是发挥了人的积极性和知识的创造性。科技计划项目是以科学研究和技术开发为目的而设立的，是促进科技资源有效利用、提高创新能力的有效方式，政府通过科技计划项目支持的方式，能够有效激发创新活动中人的积极性。由于很多科技计划项目，强调已有科研的研究基础，具体表现为科技计划项目负责人和主要研究人员应在相关研究领域积累了丰富的高水平成果，比如论文和专利。从这方面来讲，政府的科技计划项目能够对技术创新能力产生显著的激励作用，这一判断结果与我国科技计划项目设立的初衷和评价导向有关。论文、专利是知识的载体，而创造知识的主体还是从事创新活动的人，因此，人才资源才是真正创造价值和提高技术创新能力的最为关键的要素。

政府对于创新基地的资金投入产生的调节作用效果不明显。在政府资金投入方面，科技资源中的人力资源、财力资源、物力资源和信息资源，都不能因政府资金的介入，对技术创新能力产生作用。也可以这样理解，政府无偿对创新基地投入资金，没有起到应用的效果。以公益类国家工程中心为例，每个获得认定的国家工程中心的政府资金支持是300万，这与其高额的基础设施建设投入、研发活动和工程化、产业化所需要的资金量相比显得微不足道，因而政府的资金支持方式效果不明显是可以理解的。

由此可以看出，科技创新人才所付出的知识型劳动是提升技术创新能力的关键要素。国家在设立科技计划项目时，应更多关注如何实现对创新人才的激励和有效管理。鉴于政府科技计划项目在人力资源和信息资源方面对促进科技创新有重要作用，以中央财政科技投入为主的科技计划项目应从立项到验收全链条管理流程中，将政策导向侧重于对科技人才的培养，建立有效措施加强对科研人员的激励，构建健康的人才竞争规则与社会环境，而不仅仅是关注仪器设备购置、实验室等基础设施建设。2015年4月15日，财政部、自然科学基金委联合修订发布《国家自然科学基金资助项目资金管理办法》，新办法建立了项目间接成本补偿机制，以间接费用的形式，提高了对依托单位的管理成本补偿，以绩效支出形式提供了对科研工作者的激励。可见我国政府已经深刻认识到科技计划项目设立应更多地从如何发挥人的主观能动性角度出发，切实提高人才对于技术创新的重要作用，并逐步进行更加科学合理的科技计划改革。

5.3 市场的调节作用

5.3.1 假设条件和实证检验（图5-3）

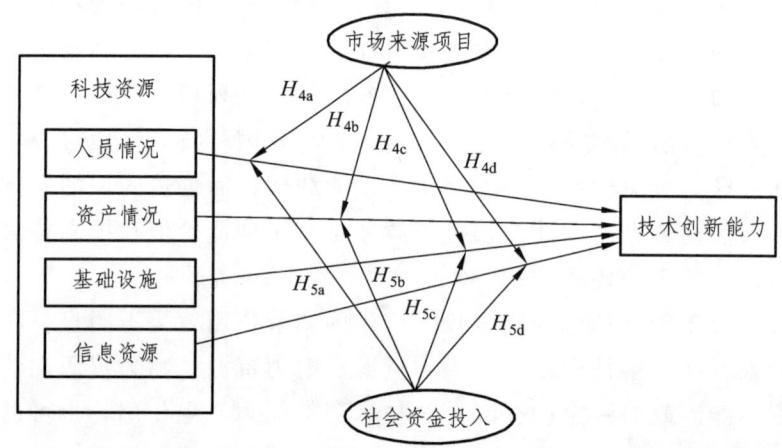

图5-3 市场在科技资源对技术创新能力的影响关系中的调节作用假设

本书将市场来源项目和社会资金投入作为对市场配置行为的测量指标，并以此验证市场对于科技资源配置影响技术创新过程中的作用机制。国内外学者对于社会资金投入对于技术创新的影响研究较多。Anneli Kaasa（2007）认为社会资本对于技术创新具有显著的影响，但不同类型的社会资金投入方式给创新带来的影响效果不尽相同。Guellec（2001）通过实证分析论证了社会资金对于技术创新的影响是正向积极的。熊波和陈柳（2006）也认为风险投资对于技术创新能力的影响作用比R&D投入对于技术创新能力的影响作用更大。王雷、党兴华（2008）通过对高新技术企业的数据进行实证分析，提出我国与发达国家相比，风险投资对技术创新的贡献较小。张凯（2009）从投入和产出两个层次比较了风险投资对企业技术创新的影响。龙勇、杨晓燕（2009）通过实证分析认为风险投资对我国新兴产业的创新能力提升有促进效果。周侠（2009）进一步论证了我国风险投资与技术创新两者之间存在长期稳定关系，还存在因果关系。向蔼旭（2011）构建了包括人力资本、研发资金和风险投资在内的技术创新能力影响关系模型。

为得到精准结论，本书提出假设如下：

假设 H_4：市场来源项目在科技资源对技术创新能力的影响作用中具

有正向调节作用；

假设 H_5：社会资金投入在科技资源对技术创新能力的影响作用中具有正向调节作用。

表 5-3 给出了市场在科技资源对技术创新能力的促进作用中的调节作用的回归分析结果，共包括 5 个模型。模型Ⅱ在模型Ⅰ的基础上增加了科技资源和市场来源项目，模型Ⅲ在模型Ⅱ的基础上增加了市场来源项目和科技资源的交叉项，以验证市场来源项目的调节作用。模型Ⅳ在模型Ⅰ的基础上增加了科技资源和社会资金投入，模型Ⅴ在模型Ⅳ的基础上增加了社会资金投入和科技资源的交叉项，以验证社会资金投入的调节作用。

表 5-3 市场在科技资源对技术创新能力的影响关系中的调节作用回归分析结果

变量	模型Ⅰ	模型Ⅱ	模型Ⅲ	模型Ⅳ	模型Ⅴ
Constant	-0.296 (0.218)	-.131 (0.140)	-0.164 (0.140)	-0.214 (0.152)	-0.077 (0.144)
TD-1	-0.345 (0.227)	-0.069 (0.146)	-0.093 (0.144)	-0.031 (0.160)	-0.186 (0.148)
TD-2	0.214 (0.261)	0.177 (0.167)	0.134 (0.167)	0.195 (0.183)	-0.095 (0.174)
TD-3	0.176 (0.308)	0.069 (0.198)	0.061 (0.199)	0.122 (0.216)	0.112 (0.199)
TD-4	0.244 (0.269)	-0.086 (0.177)	0.081 (0.179)	0.258 (0.189)	0.141 (0.173)
TD-5	0.502* (0.259)	0.243 (0.167)	0.140 (0.174)	0.424** (0.180)	0.080 (0.175)
TD-6	0.382 (0.337)	0.440** (0.213)	0.446** (0.211)	0.447* (0.234)	0.345 (0.214)
QU-1	-0.109 (0.222)	-0.104 (0.147)	-0.058 (0.148)	-0.147 (0.160)	-0.053 (0.147)
QU-2	0.469** (0.186)	0.174 (0.122)	0.187 (0.125)	0.198 (0.134)	0.168 (0.123)
HR		0.487*** (0.050)	0.483*** (0.051)	0.512*** (0.055)	0.438*** (0.053)

续表

变量	模型 I	模型 II	模型 III	模型 IV	模型 V
TR		0.132** (0.054)	0.121** (0.090)	0.209*** (0.058)	0.346*** (0.061)
IR		0.082* (0.048)	0.069 (0.061)	0.116** (0.052)	0.132*** (0.048)
FR		0.397*** (0.049)	0.375*** (0.050)	0.318*** (0.093)	0.271*** (0.086)
MP		0.297*** (0.053)	0.244*** (0.054)		
MC				0.118 (0.094)	0.333*** (0.113)
$HR*MP$			0.129** (0.042)		
$TR*MP$			0.053 (0.053)		
$IR*MP$			−0.157* (0.024)		
$FR*MP$			0.150** (0.045)		
$HR*MC$					0.230*** (0.073)
$TR*MC$					0.558*** (0.149)
$IR*MC$					0.213*** (0.065)
$FR*MC$					−0.002 (0.019)
R^2	0.147	0.605	0.710	0.610	0.576
ΔR^2	0.102	0.574	0.676	0.686	0.650
F	3.327***	23.982***	21.050***	18.013***	18.776***
ΔF			4.521***		8.908***

注：$N=164$；***，**，*分别表示显著性水平为 0.01，0.05，0.10；括号内为回归系数的标准差。

模型Ⅲ的 DW 值为 1.962，可以判定该模型不存在残差的序列相关性问题；各解释变量的 VIF 值在 1.071~3.838，可以判定模型中各解释变量之间不存在多重共线性问题；根据模型得到的残差序列及其预测值计算 Spearman 等级相关系数，其值为 0.035，在 0.05 的显著性水平下不显著，可以判定该模型不存在异方差问题。模型Ⅴ的 DW 值为 2.058，可以判定该模型不存在残差的序列相关性问题；各解释变量的 VIF 值在 1.055~4.927，可以判定模型中各解释变量之间不存在多重共线性问题；根据模型得到的残差序列及其预测值计算 Spearman 等级相关系数，其值为 0.047，在 0.0.05 的显著性水平下不显著，可以判定该模型不存在异方差问题。

表 5-3 中Ⅱ到模型Ⅲ的 F 的变化系数显著表明（$\Delta F = 4.521$，$P<0.01$），市场计划项目在科技资源配置对技术创新能力的促进作用中起到明显的调节作用。模型Ⅲ中人力资源以及财力资源和市场计划项目的交叉项与技术创新能力的回归系数在 0.05 的显著性水平下显著（$B = 0.129$，$P<0.05$；$B = 0.150$，$P<0.05$），说明市场通过市场计划项目影响国家工程中心的人力资源和财力资源，对国家工程中心的技术创新能力起到积极的调节作用，假设 H_{4a}、H_{4b} 成立；模型Ⅲ中物力资源和市场计划项目的交叉项与技术创新能力的回归系数在 0.05 的显著性水平下显著，且是负数（$B = -0.157$，$P<0.10$），说明市场计划项目通过物力资源对国家工程中心的创新能力起到抑制作用，假设 H_{4c} 成立，且影响方向为反方向。因为信息资源和市场计划项目的交叉项与技术创新能力的回归系数不显著（$B = 0.053$，$P>0.10$），说明市场计划项目不通过信息资源对国家工程中心的创新能力起到调节作用，假设 H_{4d} 不成立。

表 5-3 中模型Ⅳ到模型Ⅴ的 F 的变化系数显著（$\Delta F = 8.908$，$P<0.01$），表明社会资金投入在科技资源配置对技术创新能力的促进作用中起到明显的调节作用。模型Ⅲ中人力资源、物力资源以及信息资源与社会资金投入的交叉项技术创新能力的回归系数在 0.01 的显著性水平下显著（$B = 0.230$，$P<0.01$；$B = 0.213$，$P<0.01$；$B = 0.558$，$P<0.01$），说明社会资金投入能够通过影响国家工程中心的人力资源、物力资源以及信息资源对国家工程中心的技术创新能力起到调节作用，假设 H_{5a}、H_{5c}、H_{5d} 成立。因为财力资源与社会资金投入的交叉项对技术创新能力的回归系数不显著（$B = -0.002$，$P>0.10$），说明社会资金投入不能通过影响国家工程中心的财力资源对技术创新能力起到调节作用，假设 H_{5b} 不成立。

验证后的科技资源配置对技术创新能力的直接影响关系如图 5-4 所示。

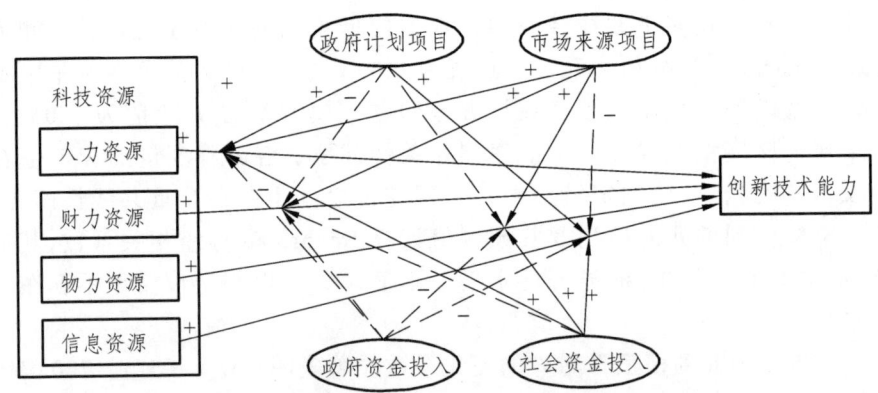

图 5-4　科技资源配置对技术创新能力的直接影响关系

5.3.2　主要结论和与分析

市场来源项目是一种有效调节科技资源对技术创新正向影响关系的重要手段。市场来源项目在人力资源、财力资源与技术创新能力关系中具有正向、积极的促进作用，在物力资源与技术创新能力中具有反向的抑制作用；市场资金投入在人力、物力和信息资源与技术创新能力的关系中具有积极的正向作用，对于财力资源与技术创新能力不具有任何调节作用。市场是技术创新、实现价值的场所，以市场需求为导向，紧密把握市场需求变化趋势，是创新主体实施技术创新获取成功的重要保证。成元君等（2007）提出阻碍创新的最关键的要素不是政府支持不够，而是我国社会制度造成的市场化程度不高，没有形成完备的市场体制和体系。市场作为整个社会资源配置的主导力量是市场经济制度的基本特征，市场对资源的配置手段也有很多种形式，如仪器设备利用的市场化、运作模式的市场化、科研组织的市场化、项目和经费来源的市场化、科技成果的市场化、科技人才和服务的市场化（唐泳和赵光洲（2011））。孙绪华（2011）提出科技资源会受到市场供需活动的影响，通过自动的调节机制达到各种资源要素的平衡。以国家工程中心为例，社会资金投入有利于解决国家工程中心依托单位在扩大规模工程中普遍面临的融资难问题，社会资金的注入能够为国家工程中心提供增值增效服务，特别是风险投资的注入往往还伴随着科学有效的管理和市场营销理念等。

市场来源项目是一种开放式的科学研究活动，其研究经费的使用更加灵活务实和高效。更多地获得和参与市场项目有利于创新主体在科研活动中发现新问题，形成新的研究方向，在新的科学范式"知识密集型科学"下，表现出更大的优越性。以依托高校建立的工程中心为例，在政府支持项目，特别是国家级科技计划项目竞争日益激烈的情况下，承接横向课题，实现自主创新成果的转移和转化，是高校论文、科研发展，同时还是学科发展越来越重要的增长点。一般情况下，市场来源项目往往要求创新成果的应用性在市场中得到部分或全部实现，并且获得相当高的经济效益，通过利益共享，科研人员对正在进行深入研究的项目积极性更高，甚至在研发活动后期也会持续给予关注，投入更多的心力，这与承接政府的科技计划项目不同，承接政府科技计划项目的科技成果往往在验收之后就被束之高阁，没有充分的发挥科研人员的作用，实现科技成果的现实转化。此外，不同的科研人员对科技资源或知识进行不同的使用、整理，可以发现不同的问题，从而形成更为全面的结论，进而为获取真正的科技成果提供前提保障。此外，来源市场的项目能够更有效地提升研究的效率，避免合作伙伴在科研活动中的重复劳动，更快形成行之有效的技术方案，达成相关技术合作协议，从而更好地促进标准化、高效化的科研活动，提升了科研成果的质量和可信度。可以说，市场来源项目是社会和市场需求的延伸，为创新基地的科研活动提供了广阔的潜在市场，积极主动介入这一市场领域能够使得创新基地的效益最大化，并能够扩大在社会公众甚至国内外的影响，为科研人员带来巨大的经济效益和社会效益。

社会资金投入在人力、财力和信息资源对技术创新能力的促进作用中起到明显的正向调节作用，随着资金投入的增加，创新主体能够更加充分地利用自身的人力资源、财力资源和信息资源优势，进而为以获得能力为前提的研发活动提供保障支撑。社会资金注入的方式有很多，在一定程度上，社会资金投入对政府资金投入的无效调节作用来说是一种有效的弥补，有利于创新主体的发展，实现技术创新能力的提升，最终促进综合国力的提升。社会资金投入发挥了积极的作用,采用适当的政策促使风险投资能够更好地发挥补充的功能,是促进科技资源优化配合的重要路径。

伴随着改革开放的步伐,我国科技资源市场化配置逐步生效,成为了产生巨大创新动力的源泉。科技资源的市场化配置,使得能转化为生产力的知识、技术和仪器设备等,通过市场实现了流通、交易和生产。具备核心技术或知识产品的机构和个人,在市场活动中产生了源源不断的创新活力和动力,不断在市场竞争中寻找到各自的定位和职能。在以提高技术创新能力为前提的配置中,市场发挥了决定性作用。

总的来说,市场较之政府在科技资源对技术创新能力的影响关系中具有较强的调节作用。相对市场投资,政府投资的调节作用不显著。这为处理政府和市场投资在科技资源配置的问题上提供了启示。市场在创新基地的科技资源配置中发挥了更多的决定作用,政府发挥了一定的引导作用,但这不意味着在提高创新基地的技术创新能力建设中,只强调市场一方的力量。在创新基地的科技资源配置中,政府配置和市场配置二者应该融合,形成不可分割、密切联系的体系。市场配置和计划配置需要充分的结合,弥补单一资源配置方式的不足,才能在科技资源配置活动中,使资源配置效率得到更有效的提高,达到最优化的配置效果。

本书认为更好地发挥市场对创新基地科技资源配置的作用并不意味着要削弱政府所起的调控作用,而恰恰相反,更应思考政府该如何更好发挥应有的职责。受我国体制机制等各种因素的影响,政府在科技项目和资金配置上还存在着一定程度的错位问题。在科技资源配置和技术创新等重要工作中,应逐步减少政府的直接作用,更多的是加强其引导和培育功能,例如加强对创新基地的战略规划和布局,加强政策、细则、标准规范的制定和实施,加强公共服务平台建设和资源共享服务等。我国在创新基地建设中应充分认识到政府和市场两者都是至关重要的资源配置手段,市场和政府的配置作用在科技资源配置中的作用不同,但各有千秋,从创新能力建设的长远发展看,政府和市场两方力量更应进行优势互补,形成具有中国特色的科技资源配置模式。

5.4 本章小结

本章构建了科技资源配置对技术创新能力的影响作用模型，并通过国家工程中心的实证分析，探索了科技资源对技术创新能力的影响作用机制，以及在这种影响作用关系中，政府和市场对其产生的调节作用。研究结果表明人力资源、财力资源、物力资源和信息资源的规模，直接影响技术创新能力的提升。在科技资源对技术创新能力的影响关系中，政府和市场在不同程度上发挥了作用，相比而言，市场较之政府发挥了更多积极的调节作用，优化科技资源配置应更多地发挥市场的基础性作用。

6 科技资源配置对技术创新能力的间接影响模型

本章根据科技成果转化的不同阶段，构建了科技资源配置对技术创新能力的间接影响模型，提出了科技成果转化是科技资源影响技术创新能力过程中的重要中介变量，并通过实证分析对科技成果转化的中介作用进行验证。本章还验证分析了科技资源与科技成果转化、科技成果转化与技术创新能力，以及科技成果转化的不同阶段之间的影响作用关系。

6.1 科技成果转化过程和阶段划分

科技资源对技术创新能力的间接影响过程，实际上是利用创新主体的外部资源，在创新过程中产生创新能力的过程。科技成果转化本身就具有实现从外部渠道加快技术研发和商业化速度，借鉴他方的思维、方法、成果和方案，并将之结合到自身的研发项目中，进而降低科技和产品的研发成本和研发周期，最终实现更高效益和利润指标的功能。以科技成果转化为主要创新功能的科技创新活动，能够实现创新主体当前需求与长远目标的结合，并通过创新主体自身体系的不断完善，推动技术创新能力加速提升，在这种相互联系和支撑的创新过程中，大量增加资金和人力的投入，促使基础设施建设、产业能力培养等硬实力的提升，更有效地推动开放、竞争的市场机制建立，完善软实力，是更为有效的技术创新路径选择。

科技成果转化可以看做是技术创新最为重要的环节，是科技支撑经济发展的关键所在（刘会，2015）。科技成果转化是技术再创新的不竭动力，相当多的创新主体将科技成果转化作为创新活动的基本内容，并设置专门的机构负责创新主体科技成果转化的相关功能（图6-1）。科技成果转化是技术创新的目标之一。当技术成果成功投放市场之后，与此有关的技术研发创新工作也就随之结束，至此才可以开始新的技术创新工作。如果该技术成果不能得到转化，对此耗费的人力、物力、财力和信息资源就无法得到回报，研发该技术成果所需的科技资源会被浪费，那么接下来进行的技术创新活动所需的科技资源也就无法得到保障，就会发生类似于消费再生产的问题。此外，科技成果本身可以成为现有技术应用到下一项科研活动的技术保障，也就是说，技术创新是一个不断进行智力积累和再创造的循环过程，可以将科技成果转化的第一阶段成果再次应用到新的研发活动过程中。

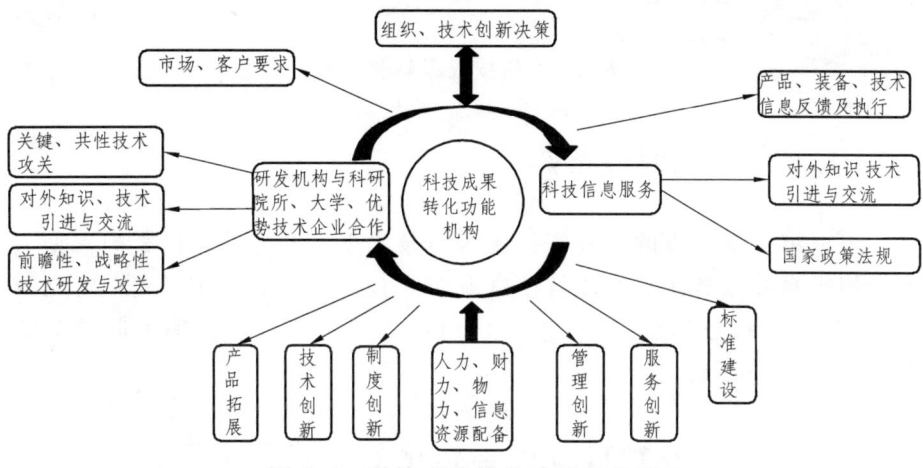

图6-1 科技成果转化功能结构图

科技成果转化过程，可以概括为"转"和"化"两个部分。"转"重在强调科技成果的所有权和使用权的转移，"化"是科技成果不断具体化、产品化、商品化与产业化的过程，如图6-2所示（杨善林等，（2013））。"转"主要强调科技成果在高校、科研院所等科技成果供体向企业或具有相关科研机构的衍生企业流动的过程；"化"主要强调科技成果在高校、科研院所等科技成果供体内部被深度再开发和应用的过程，一般可以涵盖小试、中试、产品化、商品化和产业化等阶段，是科技成果发生质变的过程。在科技成果转化阶段研究方面，唐五湘（2005）提出将科技成果转化分为成果应用、商业化和产业化；黄伟（2013）提出将科技成果转化阶段划分为成果应用、商业化、产业化和国际化。

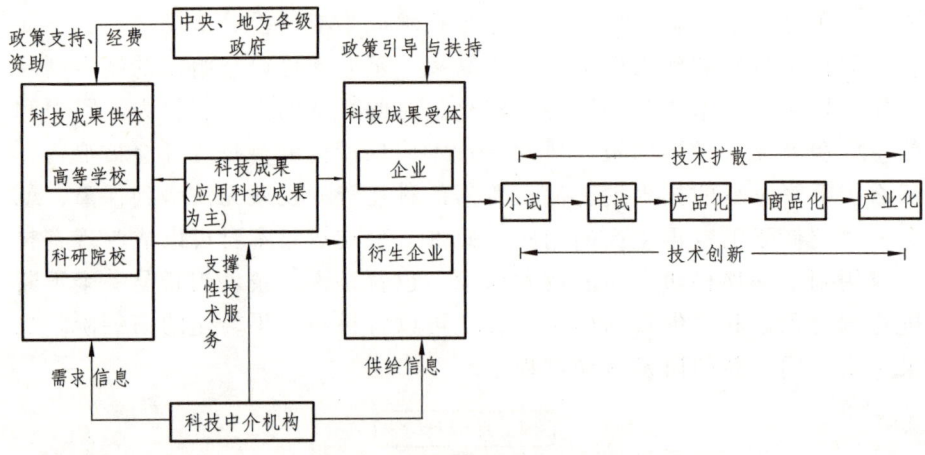

图 6-2　科技成果转化过程

6.2　模型构建和假设条件

根据第 2 章提出的科技资源配置对技术创新能力的间接影响模型，本章侧重在此基础上，验证科技资源对科技成果转化、科技成果转化对技术创新能力，以及科技成果转化的技术转移和科技成果扩散两个阶段之间的影响关系。

6.2.1　科技资源对科技成果转化的影响作用假设条件

通过以上分析，提出如下假设条件，如图 6-3 所示。

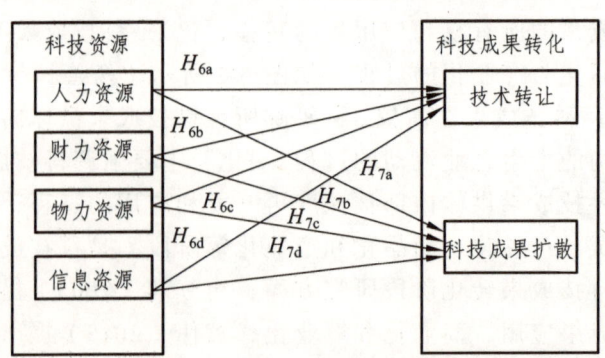

图 6-3　科技资源对科技成果转化的影响关系假设

H_{6a}：人力资源对技术转移具有显著的正向影响作用；
H_{6b}：财力资源对技术转移具有显著的正向影响作用；
H_{6c}：物力资源对技术转移具有显著的正向影响作用；
H_{6d}：信息资源对技术转移具有显著的正向影响作用；
H_{7a}：人力资源对科技成果扩散具有显著的正向影响作用；
H_{7b}：财力资源对科技成果扩散具有显著的正向影响作用；
H_{7c}：物力资源对科技成果扩散具有显著的正向影响作用；
H_{7d}：信息资源对科技成果扩散具有显著的正向影响作用。

6.2.2 科技成果转化对技术创新能力的影响假设条件

在科技成果转化与技术创新关系研究中，我国学者张建辉和郝艳芳（2010）提出技术创新是新产品、新工艺的产生，及其在生产过程中的应用以及商业化的过程。Wu（2012）的研究以来自5个制造业部门944家中国企业为样本，结果指出技术协作对产品创新的影响取决于市场竞争和行业的技术特征。具体地说，通常技术协作对产品创新的影响可能被稀释在高度竞争的市场中，如技术转化、技术合作和技术服务会对产品创新产生影响，技术的国际扩散和国内扩散也是影响创新产出的重要因素（Tang和Chyi（2008））。Hall和Harvie（2003）提出产品和工艺创新和专利申请能力一样，是企业创新能力的体现。工艺创新往往伴随着提高效率和采用适合的价格竞争策略（Vaona和Pianta（2008））。中小企业的产品创新也是不断提高创新活力的结果，在市场划分方面相对密集且大量具有竞争性企业参与竞争的环境中，中小企业更容易产生工艺（技术）创新的动力（Jong和 Marsili（2006）），而在一个垄断性市场中，大企业对于产品、工艺技术的创新动力容易受到限制（Audretsch（2001），Andrew和Ted（2001））。

通过以上分析，本书提出如下假设，如图6-4所示。

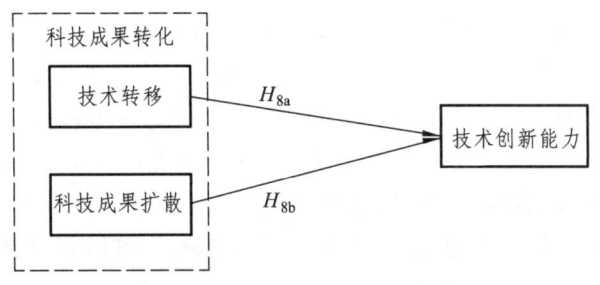

图6-4　科技成果转化对技术创新能力的影响关系假设

H_{8a}：技术转移对技术创新能力具有显著的正向影响作用；

H_{8b}：科技成果扩散对技术创新能力具有显著的正向影响作用。

6.3 实证分析

6.3.1 假设条件检验

表 6-1 给出了科技成果转化的中介作用的回归分析结果，共包括 5 个模型。模型Ⅱ在模型Ⅰ的基础上增加了技术转移，以验证科技资源和技术转移对技术创新能力的影响。模型Ⅲ在模型Ⅰ的基础上增加了科技成果扩散，以分析科技资源和科技成果扩散对技术创新能力的影响。模型Ⅳ和Ⅴ分别以技术转移和科技成果扩散为被解释变量，以分析科技资源对技术转移和科技成果扩散的影响作用。

模型Ⅱ的 DW 值为 1.789，可以判定该模型不存在残差的序列相关性问题；各解释变量的 VIF 值在 1.051~1.762，可以判定模型中各解释变量之间不存在多重共线性问题；根据模型得到的残差序列及其预测值计算 Spearman 等级相关系数，其值为 0.102，在 0.05 的显著性水平下不显著，可以判定该模型不存在异方差问题。模型Ⅲ的 DW 值为 1.784，可以判定该模型不存在残差的序列相关性问题；各解释变量的 VIF 值在 1.051~1.778，可以判定模型中各解释变量之间不存在多重共线性问题；根据模型得到的残差序列及其预测值计算 Spearman 等级相关系数，其值为-0.002，在 0.05 的显著性水平下不显著，可以判定该模型不存在异方差问题。模型Ⅳ的 DW 值为 2.222，可以判定该模型不存在残差的序列相关性问题；各解释变量的 VIF 值在 1.051~1.749，可以判定该模型中各解释变量之间不存在多重共线性问题；根据模型得到的残差序列及其预测值计算 Spearman 等级相关系数，其值为 0.095，在 0.05 的显著性水平下不显著，可以判定该模型不存在异方差问题。模型Ⅴ的 DW 值为 2.164，可以判定该模型不存在残差的序列相关性问题；各解释变量的 VIF 值在 1.051~1.749，可以判定该模型中各解释变量之间不存在多重共线性问题；根据模型得到的残差序列及其预测值计算 Spearman 等级相关系数，其值为 0.081，在 0.05 的显著性水平下不显著，可以判定该模型不存在异方差问题。

表 6-1 模型Ⅳ中人力资源与技术转移的回归系数在 0.05 的显著性水平下显著且为正（$B = 0.189$，$P<0.05$），说明人力资源对技术转移具有明显的促进作用，假设 H_{6a} 成立。财力资源和物力资源与技术转移的回归系数在 0.10 的显著性水平下显著且为正（$B = 0.173$，$P<0.10$；$B = 0.165$，$P<0.10$），说明财力资源和物力资源能够促进技术转移，在一定程度上支持了假设 H_{6b}、H_{6c}。因为模型Ⅳ中信息资源的系数不显著（$B = 0.149$，$P>0.10$），所以假设 H_{6d} 不成立。

表 6-1 模型Ⅴ中的回归分析结果表明科技资源对科技成果扩散具有促进作用。其中，人力资源、财力资源与科技成果扩散的回归系数分别在 0.05 以及 0.01 的显著性水平下显著（$B = 0.174$，$P<0.05$；$B = 0.194$，$P<0.01$），说明人力资源与财力资源对科技成果扩散具有明显的促进作用，假设 H_{7a}、H_{7b} 成立。物力资源和信息资源与科技成果扩散的回归系数在 0.10 的显著性水平下显著（$B = 0.169$，$P<0.10$；$B = 0.162$，$P<0.10$），说明物力资源和信息资源能够促进科技成果扩散，在一定程度上支持了假设 H_{7c}、H_{7d}。

表 6-1 科技成果转化在科技资源对技术创新能力的影响关系中的中介作用回归分析结果

被解释变量	技术创新能力			TS	STAS
变量	模型Ⅰ	模型Ⅱ	模型Ⅲ	模型Ⅳ	模型Ⅴ
Constant	−0.216 (0.153)	−0.168 (0.111)	−0.130 (0.106)	−0.322 (0.226)	−0.367 (0.224)
TD-1	−0.044 (0.160)	−0.081 (0.157)	−0.131 (0.152)	0.254 (0.237)	0.374 (0.235)
TD-2	0.211 (0.183)	0.186 (0.179)	0.162 (0.173)	0.172 (0.271)	0.212 (0.269)
TD-3	0.122 (0.216)	−0.067 (0.223)	0.103 (0.204)	1.280*** (0.321)	0.081 (0.318)
TD-4	0.213 (0.16)	0.178 (0.182)	0.033 (0.180)	0.235 (0.275)	0.770*** (0.273)
TD-5	0.419** (0.180)	0.310* (0.181)	0.271 (0.173)	0.741*** (0.267)	0.635** (0.265)

续表 6-1

被解释变量	技术创新能力			TS	STAS
TD-6	0.450* (0.234)	0.429* (0.229)	0.411* (0.221)	0.142 (0.347)	0.168 (0.344)
QU-1	-0.149** (0.161)	-0.106 (0.158)	-0.089 (0.152)	-0.291 (0.238)	-0.256 (0.236)
QU-2	0.216* (0.134)	0.197 (0.131)	0.163 (0.127)	0.126 (0.198)	0.227 (0.197)
HR	0.521*** (0.055)	0.530*** (0.054)	0.480*** (0.052)	0.189** (0.081)	0.174** (0.080)
TR	0.205*** (0.058)	0.200*** (0.057)	0.178*** (0.055)	0.149 (0.096)	0.162* (0.089)
IR	0.120** (0.052)	0.121** (0.051)	0.107** (0.049)	0.165* (0.088)	0.169* (0.097)
FR	0.414*** (0.053)	0.413*** (0.052)	0.399*** (0.050)	0.173* (0.089)	0.194*** (0.079)
TS		0.148*** (0.054)			
STAS			0.233*** (0.052)		
R^2	0.147	0.605	0.652	0.136	0.168
ΔR^2	0.102	0.574	0.622	0.067	0.105
F	3.327***	19.305***	21.604***	1.980**	2.685**

注：$N=164$；***、**、*分别表示显著性水平为 0.01、0.05、0.10；括号内为回归系数的标准差。

表 6-2 给出了科技成果转化对技术创新能力的促进作用的回归分析结果，共包括 3 个模型，模型 Ⅰ、Ⅱ 的被解释变量为技术创新能力，模型 Ⅰ 的解释变量为技术转移，以验证其对技术创新能力的促进作用。模型 Ⅱ 的解释变量为科技成果扩散，以验证其对技术创新能力的促进作用。模型 Ⅲ 的解释变量为技术转移，被解释变量为科技成果扩散，以验证技术转移对科技成果扩散的促进作用。

模型 Ⅰ 的 DW 值为 1.500，可以判定该模型不存在残差的序列相关性问题；该模型不存在多重共线性问题；根据模型得到的残差序列及其预测值计算 Spearman 等级相关系数，其值为 0.066，在 0.05 的显著性水平下不显著，可以判定该模型不存在异方差问题。模型 Ⅱ 的 DW 值为 1.562，可以判定该模型不存在残差的序列相关性问题；该模型不存在多

表 6-2 科技成果转化对技术创新能力的影响关系回归分析结果

被解释变量	技术创新能力		STAS
变量	模型 Ⅰ	模型 Ⅱ	模型 Ⅲ
Constant	0.004 （0.078）	0.003 （0.072）	0.002 （0.074）
STAS		0.408*** （0.072）	
R^2	0.024	0.167	0.118
ΔR^2	0.018	0.162	0.112
F	4.006**	32.498***	21.631***

注：$N=164$；***，**，*分别表示显著性水平为 0.01，0.05，0.10；括号内为回归系数的标准差。

重共线性问题；根据模型得到的残差序列及其预测值计算 Spearman 等级相关系数，其值为 0.034，在 0.05 的显著性水平下不显著，可以判定该模型不存在异方差问题。模型Ⅲ的 DW 值为 2.126，可以判定该模型不存在残差的序列相关性问题，不存在多重共线性问题；根据模型得到的残差序列及其预测值计算 Spearman 等级相关系数，其值为 0.075，在 0.05 的显著性水平下不显著，可以判定该模型不存在异方差问题。

模型Ⅰ的回归分析结果表明，技术转移对技术创新能力具有促进作用（$B=0.156$，$P<0.05$），假设 H_{8a} 成立。模型Ⅱ的回归分析结果表明，科技成果扩散对技术创新能力具有明显的促进作用（$B=0.408$，$P<0.01$），假设 H_{8b} 成立。

6.3.2 中介效应检验

我国创新基地是知识和人才的创造者和生产者，是我国最为重要的技术源泉之一，在科技成果转化中扮演着重要角色，发挥创新基地的科技成果转化功能对于我国的经济、社会和科技发展都至关重要。在我国创新基地建设过程中，我国的创新基地相对于其他国家在科技成果转化方面存在着巨大的发展潜力，同时也承载着重要的历史使命。一方面通过承担相关科技计划项目的研发与攻关任务，担负着实现我国占领技术制高点，在某些重点关键领域追赶甚至赶超国外发达国家的重任；另一方面，许多创新基地也承接着来自社会各界的应用技术研究、开发活动，为企业等不同创新主体和经济实体提供技术开发服务、技术咨询、培训等，有效促进了科技成果的转化。

为更好地测量在创新基地建设中，科技成果转化这一变量在科技资源配置对技术创新能力的间接影响模型中所产生的中介效果，本书根据温忠麟等（2005）提出的中介效应的检验方法检验科技成果转化的中介效应，在中介效应检验过程中用到 MacKinnon 等（2002）提出的系数乘积项 sobel 检验法。本书中介效应分析步骤为：① 自变量科技资源与因变量技术创新能力的回归分析；② 自变量科技资源和中介变量成果转化的回归分析；③ 自变量科技资源、中介变量成果转化和因变量技术创新能力的回归分析。

首先分析技术转移作为中介变量时的中介效应，根据表 6-1 的回归分析结果可以得到：科技资源与技术创新能力的回归系数显著；科技资源以及中介变量技术转移与技术创新能力的回归系数显著；人力资源、物力资源、财力资源和技术转移的回归系数显著；由于信息资源和技术转移的回归系数不显著，所以进行 sobel 检验，检验结果不显著（$P>0.10$），但当技术转移作为中介变量时，在人力资源、物力资源和财力资源对技术创新能力的促进作用中的中介效应显著。这说明一方面，人力资源、物力资源和财力资源可以直接对技术创新能力产生积极的影响，另一方面，人力资源、物力资源和财力资源还可以通过技术转移实现对技术创新能力的间接促进作用。

对于科技成果扩散的中介效应，根据表 6-1 的回归分析结果可以得到：科技资源与技术创新能力的回归系数显著；科技资源以及中介变量科技成果扩散与技术创新能力的回归系数显著；科技资源与科技成果扩散的回归系数显著。所以科技成果扩散作为中介变量时，在科技资源对技术创新能力的促进作用中的中介效应显著。这说明一方面，科技资源对技术创新能力有直接的促进作用；另一方面，科技资源还可以通过科技成果扩散实现对技术创新能力的间接促进作用。

6.4 主要结论与分析

在技术转移阶段，创新基地建设中缺乏对知识产权的有力保护。创新基地的科技资源中，除了信息资源没有对技术转移产生正向促进作用，人力资源、财力资源和物力资源都能够积极促进技术转移活动。这与多数学者认为的技术转移是承载技术和知识流动的重要媒介这一认识不太相符。一方面，本书的信息资源的评价指标是论文和专利的数量，而非论文和专利本身，也就是知识本身。因此本书所得出的结果说明的是专利和论文的数量对技术转移没有影响作用，而不能说明专利和论文的内容本身对技术转移没有影响作用。也可以这样归纳，专利和论文数量多不代表质量好，不代表其传递的知识更有转化的作用。但更为重要的是，这一验证结果表明，我国创新基地在建设和发展过程中，特别是在实现信息、知识的转移过程中，对于知识产权的保护做得十分不够。本书是以国家工程中心为实证分析对象，国家工程中心的依托单位多为高校和科研院所，这两类创新主体都是科技成果转化的重要技术提供者。由于我国高校和科研院所的科技成果转化刚刚起步，科技成果转化的意识还不强，相关配套的政策制度还不健全，导致科研人员缺乏对于知识产权保护的认识，在进行技术转移过程中缺乏经验，在技术合作中，所产生的论文和专利经常采用共享知识产权的方式，甚至是形成的专利归技术受让方所有，导致信息、知识无法成为有效促进技术转移的要素。因此在创新基地建设过程中，应提醒创新主体高度重视知识和信息的保护，知识和信息的保护不力将是制约当前科技成果转化的一个重要问题。

科技成果转化体系的建立和完善是国家创新体系的重要组成部分，也是科技体制改革的主要内容。在已有的文献研究中，国内外学者对于科技成果转化的研究主要集中在对科技成果转化特别是对技术转移的内涵、功能等方面的研究，也包含科技成果转化对经济发展作用的研究，等等。科技成果转化体系本身具有动态性和复杂性，对其演变规律和所处的状体目前学界还缺乏认识，更缺少实证性的研究分析，不同学者为了简化研究过程，忽视了对科技成果转化系统之间、各要素之间的关联研究，缺乏对科技成果转化体系的系统性理论构建。本章恰恰将科技成果转化的内在系统的"黑匣子"打开，在科技成果转化的不同阶段验证系统内部各环节之间的关联，从而得出了具有实证性和系统性的结论。

科技成果转化的各个阶段彼此之间相互影响、相互促进，形成了多样性、动态性的科技成果转化体系。科技成果转化体系是技术和知识由所有者向使用者选择、使用和吸收的具有动态性和系统性的过程，这个动态过程涵盖了技术开发、吸收、扩散等多个环节，而且每一个环节又是含有多要素的复杂的子系统。从横向视角看，科技成果转化系统侧重于技术和知识在不同系统、不同创新主体、不同区域之间的流动；从纵向视角看，科技成果转化则强调从技术的开发到应用再到市场化这个动态过程。从科技成果转化方式看，一般来说，科技成果转化可以通过直接转化和间接转化两种方式实现：科技成果的直接转化包括科技人员自己创办企业，高校、科研机构与企业开展合作或共同研究以及高校、研究机构与企业开展人才交流等方式；科技成果的间接转化主要是通过类型和活动方式多种多样的中介机构开展，可以通过专门机构实施科技成果转化，也可以通过转化主体设立的科技成果转化机构实施转化，或者是通过科技咨询公司开展科技成果转化活动。

总而言之，无论是从科技成果转化的横向和纵向视角，还是从科技成果转化的方式来看，科技成果转化的不同阶段彼此之间是相互联系、相互影响、不可分割的系统，具有多样性、动态性的系统学特征。具体表现为一项新的科技成果被研发出来以后，只有将其投入和转化到生产实践中，才能发挥它的效益并创造出价值。科技成果的产品化、商业化对经济增长有着必然的推动作用。由院校、科研院所为主构成了技术开发系统，作为技术提供和获取的主要渠道，中介通过技术转让、技术服务、技术合作和技术咨询等方式，将科技成果转向应用后，经过扩散系统，实现科技成果的推广和传播。科技成果的产品化和商业化是包含多种资源转化在内的综合性资源转化。科技资源转化为科技成果，是科技资源优化配置，实现科技资源各要素之间高效联动和发挥作用的结果。科技成果转化在管理和机制上的创新，必然能够系统性地解决科技资源配置的问题，从而提供技术创新能力。

科技成果转化是科技资源优化配置和技术创新能力提升的重要途径。科技成果不论是在技术转移还是科技成果扩散阶段，都在科技资源与技术创新能力的影响作用中发挥了重要的中介作用。按照客观科学规律，科技成果以知识形态产生后，经过试验、开发、应用和推广，最后形成新产品、新工艺、新材料，是一个物质形态发生变化的过程，必须遵循科学创新规律。科技成果转化除了科研阶段，还包括科学技术成果的技术转移过程，这个过程属于交易过程，应遵循市场规律。科技成技术转移标志着科技成果从科研实验室走向市场，从原创产品转变为商品，更好地服务于经济和社会，这是提升技术创新能力，促进科技创新的重要目标。科技成果转化的这两个过程都是技术创新层面问题，因此不难看出，科技成果转化对技术创新具有重要的促进作用，科技成果转化是提高技术创新能力的重要途径。转化都在科技资源促进技术创新能力过程中发挥了重要的中介作用。

在科技成果转化的技术转移和科技成果扩散阶段，各类科技资源对科技转化的促进作用不尽相同。在技术转移阶段，只有人力资源、财力资源对技术转移具有正向的、积极的作用，物力资源和信息员对技术转移没有显著的促进作用；在科技成果扩散阶段，只有人力资源对技术转移具有正向的、积极的作用，财力资源、物力资源和信息资源对科技成果扩散没有任何作用关系。科技资源是推动技术创新、实现科技成果转化的关键因素。技术转移和科技成果转化是互相影响、互相发展的，可以说，技术转移更侧重在科技资源内部的转化，科技成果扩散更侧重在科技资源的外部转化。技术转移所实现的对内转化是一种封闭型的转化方式，即由工程技术产权所有者自行投资实现技术转化。在发达国家，这种形式早已成为成果转化的主要形式。技术转移阶段所形成的科技成果，需要一个发展过程最终形成能够推广到市场的新产品、工艺或设备。

科技资源、科技转化与技术创新能力，作为科技创新体系中的三个创新要素，在科技创新活动中存在着相互作用关系。在上述假设验证中，验证了技术转移和科技成果扩散是科技成果转化的两个必经阶段，两者在科技资源促进技术创新能力的过程中都发挥了重要的中介作用。从拥有的科技资源、技术转移和科技成果扩散三者关系看，科技资源的优化配置是技术转移和科技成果扩散的最重要的前提条件；技术转移和科技成果扩散则是通过对现有科技资源的有效利用，最终形成工程技术成果的推广、再次应用和价值提升；无论技术转移还是科技成果扩散，都包含在科技资源优化配置和技术创新能力提升的全链条过程中，伴随着技术不断改进和创新能力不断提高，技术转移和科技成果扩散是一个动态的、螺旋式上升的过程。

综上所述，科技成果转化是一个涉及领域广、环节多、关系复杂的系统工程，应遵循科学技术发展规律和符合社会主义市场经济规律。在科技成果转化系统发展的全过程中都离不开国家政策引导和资金支持，因此在以获得经济效益为主要目的的科技成果转化工作中，政府和市场都会相应地发挥作用。但政府干预是否会产生市场失灵问题，应如何处理政府和市场的关系，值得我们注意和继续深入探讨，因此在第 7 章中，本书将进一步讨论政府和市场在科技成果转化的不同阶段所发挥的调节作用。

6.5 本章小结

本章通过构建科技资源配置对技术创新能力的间接作用模型，验证了科技成果转化是科技资源促进技术创新能力的重要途径，并对科技资源与科技成果转化之间、科技成果转化与技术创新能力之间，技术转移与科技成果扩散之间的作用关系进行了假设和实证分析。至于政府和市场在科技成果转化阶段所发挥的不同调节作用，将在第 7 章和第 8 章中进行更为详细深入的假设检验和论证分析。

7 政府和市场在科技成果转化阶段的调节作用

对政府和市场在间接影响模型中的调节作用机制进行探索，深入分析政府和市场在科技成果转化阶段，包括技术转移阶段和科技成果扩散阶段对科技资源促进技术创新能力的影响中发挥的不同调节作用。通过实证检验，探索其深层次原因，得出相关结论。

7.1 国家工程中心科技成果转化阶段和途径

基于国家工程中心在科技成果转化方面所开展的实践，本书提出科技成果转化阶段主要包括图7-1所示四个阶段。

（1）市场预测阶段。这个阶段的主要任务是国家工程中心确定科研目标和内容。

（2）科技成果的产生阶段。这个阶段的主要任务是国家工程中心开展科研活动，进行科技研发。该阶段是将应用研究成果开发成市场产品的开始。

（3）技术转移阶段。该阶段的主要任务是国家工程中心进行中间试验和工业化试验，从产品雏形到小试、中试再到批量生产，这个阶段是对生产方法和工艺进行可行性论证的阶段。这一阶段至关重要，决定了科技成果转化能否成功，只有顺利通过这一阶段，才能继续实现科技成果产业化、规模化生产。

（4）科技成果扩散阶段。这个阶段国家工程中心的工作是规模化生产，完成科技成果的产业化、市场化。为达到科技成果的规模化生产和最终的产业化和市场化要求，国家工程中心需要不断对市场进行调研，细分市场并不断开拓营销渠道，同时需要扩大生产和降低成本，以更好

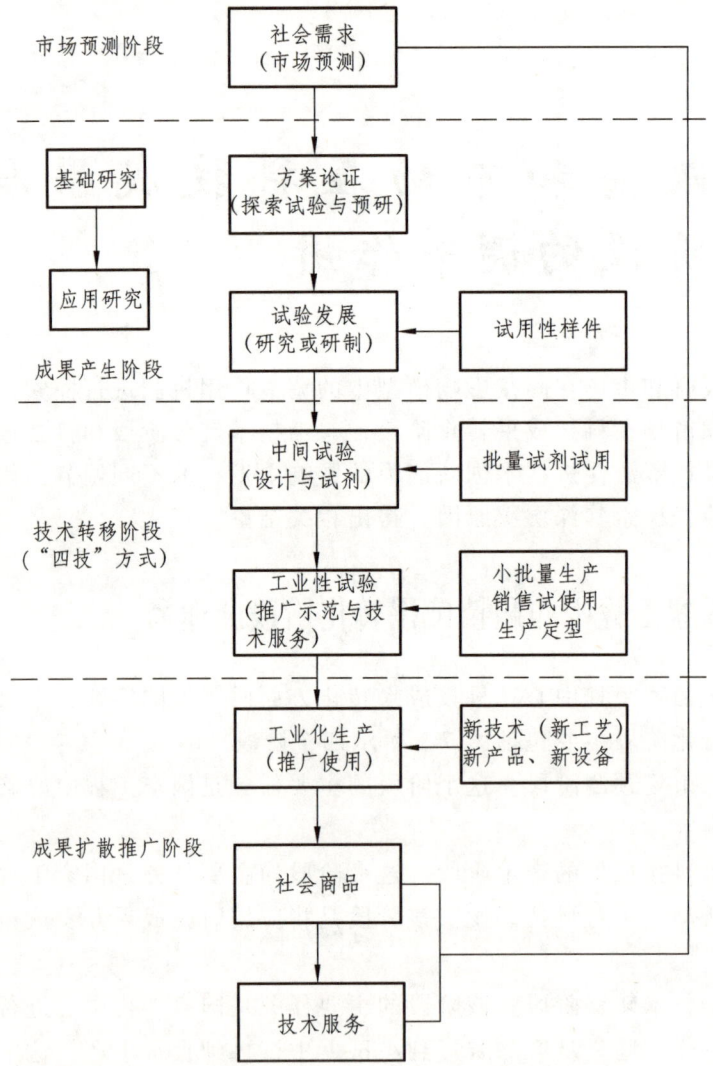

图 7-1 国家工程技术研究中心科技成果转化阶段

更快地推广新产品、新装置、新技术和新工艺,当然还需要加强对核心技术的保护并进行技术储备,以更好地满足未来产品升级换代的需要。

根据成果转化双方的利益关系和风险大小,刘希宋等(2009)学者将科技成果转化途径分为自我转化途径、对外转让途径和合作转化途径。徐国兴(2010)认为科技成果转化途径可以分为几个方面,包括成果应用和扩散、工艺化、产品化、产业化、商业化和产业化等几个阶段的转化,且提出只要完成某一个或某几个转化阶段,就可以看做是完成了一次科技成果转化。

国家工程中心在经过中试阶段后产生的工程技术,最终目的是服务于市场与产业化,所以必须通过一定的方式将其进行转化。以国家工程中心新装备生产流程为例。工程化转化通常可以分为两个阶段:① 原理性样机半工业性的中期试验;② 生产样机工业性的后期试验。原理性样机试验是运用试验的方法,把那些技术原理中未能包含的因素综合到原理性样机中去,使之能够适应实际的生产环境。同时,这个阶段的试验又检验了技术原理在现实条件下的可行性。生产样机工业性的后期试验,要解决产品生产中实际存在的大量技术问题,考察所设计的工艺文件和工艺设备是否正确可行,并及时采取相应的解决办法,以实现批量的大规模生产。

以工业新设备的研制、中试和生产的工程化过程为例。新设备全寿命周期大致可以划分为科研、中试、生产使用等三个周期;而从开发目标的角度来看,亦可划分为科研、中间试验、生产使用三个阶段。每一周期和阶段均经过若干个小阶段,其中中间试验包括多轮次的样机试验和设计修改阶段,直至设计定型和小批试生产,供用户试验使用,在科研和生产之间起到了桥梁和通道作用。国家工程中心从多个方面进行了技术成果的转化和推广:① 通过中心技术研发平台,组织开展重大、民生工程关键预应力技术研究开发,形成具有自主知识产权的科技成果,并开展技术辐射和新技术的推广应用;② 中心整合和吸收一大批国内外工程及相关领域的科研和工程技术人才,实施人才战略,吸引一批国内外知名学者、专家来中心工作、访问和交流,建立起"开放、流动、竞争、协作"的机制,使中心成为聚集和培养优秀的科技人才、开展高层次学术交流的重要基地,全方位地促进核心工程技术的推广应用;③ 利用国内行业唯一的优势,通过建立、健全和宣传贯彻预应力工程技术领域的标准法规,并与国内外大中型企业合作,推广应用新技术,联合完成大型、复杂的工程项目,开拓更大的市场。国家工程中心在运行中不断地进行自主创新,吸收包括依托单位在内的上游科研群体的科研成果,再经过工程化、集成化开发,持续地向下游企业或企业群体转移工程化技术。同时,将来自企业和市场发展中的新技术问题,带到新一轮工程化技术开发循环中去。

国家工程中心采用灵活多样的组织运行模式，加速科技成果转化，从而实现了技术突破和创新。以行业龙头企业为依托单位组建的国家工程中心，大多以依托单位的研发部门作为运行的载体，有的采用事业部模式进行预算管理，运行经费主要为依托单位 R&D 的经费投入，成果为依托单位使用进行产业化生产，中心只从事技术的研究开发与技术服务工作，充当了企业研发中心，其核算方式为项目核算、服务核算，在运行管理的形式上表现出事业化运作的特点。采用事业和企业混合运行模式的中心是建在大学、中科院等事业单位的部分国家工程中心，对于它们来讲，可利用的各种资源相对较为丰富，研究阶段跨度较大，研究内容涉及基础研究、应用研究、试验开发、科技成果扩散等多个研发阶段，针对依托单位性质和研发工作的特点，这些中心在运行中实行了灵活、多样的运行模式，如将中心应用研究和应用基础研究部分放在依托单位内部，采用事业化管理，同时组建二级公司打通科研成果转化进入市场的通道等。通过验证可以看到，科技成果转化是优化科技资源配置和促进技术创新能力提升的有效路径。

国家工程中心多年来开展了积极的技术转移活动，如图 7-2 所示。如国家传染病诊断试剂与疫苗工程技术研究中心以提升和完善我方的核心能力为主线，立足优势基础，通过灵活多样的合作方式和途径与众多境内外学者、研究机构、国际组织和跨国企业开展了多层次、多角度的科技成果转化和科研合作，利用外方技术指导和资源开展交流合作，合作单位包括美国新泽西医科和牙科大学、美国加州大学圣地亚哥分校、北京大学、重庆医科大学、香港大学和默沙东集团等。统计数据显示，国家工程中心从九五期间至 2010 年共开展 71 488 项（次）的技术转移活动。其中技术入股类 1 678 次，占 2.3%；技术转让类 17 715 次，占 24.8%；工程承包类 9 641 次，占 13.5%；技术服务及其他类 42 454 次，占 59.4%。从频次统计上可以看出，"技术服务"方式由于投入小、门槛低、方便快捷，是国家工程中心开展技术转移活动最经常和频繁采用的形式，客观上也为行业解决了很多人员培训、试验检测、中试放大、设备调试等问题，促进了工程技术信息、知识等在行业的交流、推广和扩散，一定程度上促进了行业技术能力的提升，取得了很多难以估量的效益；但相对而言，其经济效益并不显著。"技术转让"方式是适合国家工程中心在行业内高效开展工程技术转化和转移且经济效益明显的方式。

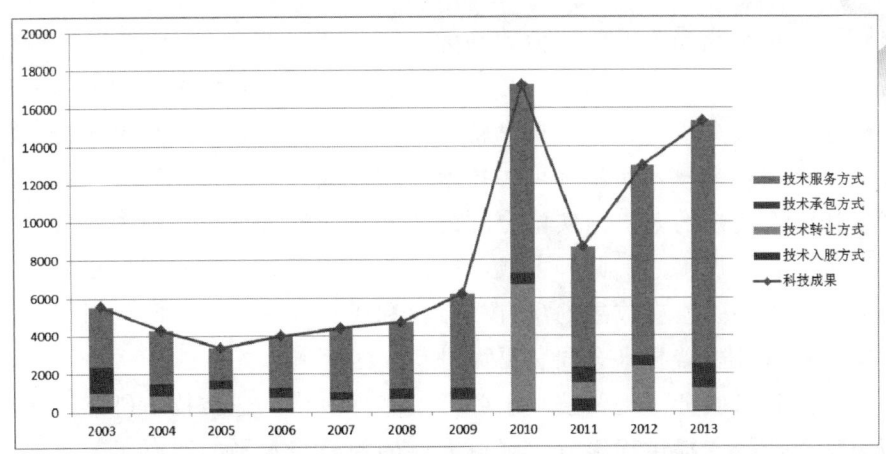

图 7-2 2003—2013 年国家工程技术研究中心技术转移情况

在国家工程中心的科技成果转化过程中，目前已初步形成了以国家资金为引导，多渠道筹集研发经费的机制。其研发经费来源渠道日益多样化，面向社会筹集研发经费的能力不断增强，在争取国家级和省部级研究经费投入的前提下，吸引企业的资金不断投入；同时国家工程中心自主投入逐年加大，通过技术经营和资本运作实现科技成果转化，最终形成良性自我循环。国家工程中心研发经费的投入集中于应用研究、示范扩散、生产试制等阶段，研发经费分布结构基本上符合国家工程中心设定的研究任务，保证了国家工程中心根本目标的实现。大部分国家工程中心的研发经费规模和人均强度处于本行业研发机构的前列，为增强综合竞争实力奠定了基础。

技术转移并非是完全无条件的出让和转移工程技术成果，相反，虽然国家工程中心承载着带动行业发展的使命和责任，但在技术转移过程中却获得了相当多的收益，且形成了各种各样的技术转移路径和发展模式。

一是技术入股。技术入股是指技术持有人（或者技术出资人）以技术成果为无形资产作价出资公司的行为。技术成果入股后，技术出资方取得股东地位，相应的技术成果财产权转归公司享有。1997 年 7 月 4 日，国家科委、国家工商行政管理局联合发布《关于以高新技术成果出资入股若干问题的规定》（国科发政字〔1997〕326 号），从此技术成果的转化形式得到了更有效的保护，有关政策的出台在客观上极大地提高了技术出资人入股的积极性，激发了技术出资人在未来技术研发过程中实现科技成果转化和收益的活力和动力。

二是技术转让。技术转让是指国家工程中心将其所拥有的技术的所有权或使用权交给受让方的技术转让形式。这种方式通常是出让技术的使用权，主要为技术实施许可，技术权利人或者授权人作为让与方，许可受让方在约定的范围内实施专利的技术转让形式，包括独占许可、排他许可和普通许可等。此种方式的转让，权利所有权和使用权相分离，权利出让人仍然享有成果的所有权，权利受让人享有成果的使用权。技术转让通常伴随着技术合同贸易而进行。

三是技术服务。提供技术服务类型多种多样。包括技术研究，如利用中试生产线，提供逐级放大到所需要的规模与水平的所有工艺数据；包括检测、检验服务，如利用检测、检验资质和仪器设备，提供产品检测、性能检验等服务；包括技术咨询服务，如提供行业规划、市场分析、技术指导、技术分析等。如农业领域国家工程中心的服务方式包括向农户提供一对一的咨询服务；在田间提供现场技术服务；为农户举办培训班或研讨会；向农民提供适用技术指南、出版专业刊物和音像资料，等等。国家传染病诊断试剂与疫苗工程技术研究中心多年来一直不断接受各类技术服务委托。2014年度委托方包括江苏省疾病预防控制中心、厦门市中心血站等单位，评估的内容涉及免疫检测、核酸检测、多肽抗病毒活性检测实验等。

在技成果扩散阶段，目前新产品、新技术（工艺）和新设备是国家工程中心科技成果的主要扩散内容。一般的科技成果扩散方式主要有几个方面，通过展览会和开放日向用户推介新技术、新产品和新设备；设立示范区，向用户展示新技术、新产品和新设备；通过政府、研究机构和协会等间接推介新技术、新产品和新设备。在科技成果扩散阶段，更多的是创新主体将已有成果向市场推进，形成规模和品牌优势，吸引市场用户从而获得收益。

新产品是开展工程技术科技成果转化最重要的形式之一。根据2007年国家工程中心运行评估结果，2002—2006年93家国家工程中心共有250余项新产品列入国家或省部级新产品计划；其中60%以上的国家工程中心开发出被列入国家或省部级新产品计划的新产品。特别是国家金属矿产资源综合利用工程技术研究中心（北京）和国家电力自动化工程技术研究中心分别有 10 项以上的新产品列入国家重点新产品计划。另外,大部分国家工程中心对主导产品、主体技术拥有自主知识产权,为逐步实现技术良性循环创造了有利条件。如国家传染病诊断试剂与疫苗工程技术研究中心,2014 年研制出戊肝系列诊断试剂盒,目前国内市场占有率>60%,并出口到美国、德国、英国等 24 个国家,截至 2014 年年底试剂盒累计销售量已达 4 200 份。这是目前唯一能够在欧洲国家有稳定销售的国产病毒性肝炎诊断产品,提升了中国传染病诊断产品的国际声誉。手足口病检测系列试剂盒已在国内占据市场主导地位,市场占有率达 70%,2010 年至今累计销售 459 万人份,2014 年销售 211 万人份。为各级医疗卫生机构和研究机构,特别是基层第一线临床单位,提供了可靠的、价廉的、高效的手足口病实验室诊断工具,为疫情的及时发现和控制提供有力技术支持。

新技术(工艺)是指科技成果通过技术和工艺的转化载体形式进行成果转化。不同的产品有不同的工艺技术,同一种产品可能含有多种形式的工艺技术。工艺(技术)改进也是工程技术得以进行转化的重要形式。如 2014 年国家大容量注射剂工程技术研究中心从化学催化和生物催化两个方面入手,发展具有普遍适用性的药物手性中间体的合成技术,提供 20~30 个以上手性氨和手性氨基酸的合成新方法,为推动我国手性药物产业的发展,解决手性药物产业化的共性问题,促进具有自主知识产权的手性药物规模化制备提供强劲技术支撑和广泛的物质基础。同时,该中心以手性氨、Beta-羟基酸酯、手性氨基酸等为研究对象,结合和发挥化学和生物不对称还原反应各自的优势,解决系列亚胺和酮的不对称还原反应所涉及的立体选择性、底物耐受性以及催化效率等重要共性问题,同时建立生物催化制备手性胺的关键技术体系和金属催化氢化制备手性胺和手性醇的关键技术体系,成功突破他氟前列素和枸橼酸托法替布等品种合成技术瓶颈,建立稳定可控的合成工艺,成功完成申报注册申请。

新设备是将所有科技成果的技术和知识固化在产品形式中,大规模满足市场需要、用户使用和更新维护需求。作为国家工程中心最终要进行商业化的产品形式,仪器设备的生产研制并推广到市场获得收益是实现辐射和扩散功能、获得经济效益和社会效益的重要途径。例如,国家轨道交通电气化与自动化工程技术研究中心研制的世界首套"单三相组合式同相供电装置"将由东方电气集团、成都国佳电气有限公司、成都尚华电气有限公司等企业共同进行产业化推广；中心研制的世界首台"220 kV 超低损耗铁芯节能牵引变压器"将通过与常州太平洋电力设备（集团）有限公司合作进行推广；中心研制的"数字化牵引变电所"将通过与成都交大运达电气有限公司合作进行推广；中心牵头研制的"高速铁路供电安全检测监测系统"已通过与国内多家企业联合进行产业化推广；中心牵头研制的"燃料电池/超级电容混合动力 100%低地板有轨电车"，将与唐山轨道客车有限公司共同进行产业化推广；中心与成都交大许继电气有限责任公司研制的"高速铁路牵引变电所自动化系统"、与成都运达科技股份有限公司研制的"机车司机模拟驾驶培训系统"、与成都交大光芒科技股份有限公司研制的"高速铁路供电综合监控系统"分别占有国内市场的 65%、90%和 100%，如图 7-3 所示。

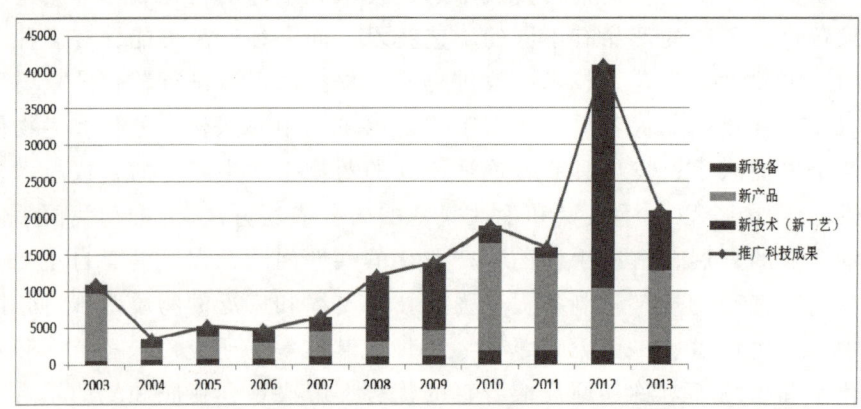

图 7-3　2003—2013 年国家工程技术研究中心科技成果扩散情况

7.2　政府在科技成果转化不同阶段的调节作用

在市场经济的国家里，政府承担的基本职能主要为创造良好的法律制度环境、提供公共物品、调节外部性以及对收入进行再分配。当前我国的市场机制还没有完全建立，大大增加了创新主体进行技术创新活动的不确定性。为了弥补市场的缺陷，近年来我国政府运用多种政策工具，如财政政策、产业政策等对创新主体的技术创新活动予以支持，以分散创新风险。科技成果转化是一个复杂的系统工程，也是一项具有高风险但是同时也具有高回报的事业。任何科技成果转化的活动，如果没有政府作为强有力的后盾保障，没有政府的政策支持和资金资助，单靠企业、高校、科研院所甚至个人都很难完全做好。在科技成果转化过程中，政府必然发挥着举足轻重的作用。特别是在政策方面，政府首先要引导好、营造好有利于科技成果转化的环境，出台相应的法律、法规和政策。国外学者对推动科技成果转化的政策研究主要集中在相关的法律、制度安排、激励措施等方面。Bozeman（2000）通过对美国大学技术转移和支持政府实验室技术转移的国家相关法案的分析，提出将技术转移的技术政策归纳为由任务使命引起、由市场失灵引起和由合作引起的三种竞争的政策模式。事实上，美国很早就开始制定促进技术转移的相关政策，鼓励大学、国家实验室和公共研究机构将其产生的技术成果向企业转移，相关法案包括拜杜法案、联邦政府技术转移法、国家竞争力技术转移法、技术转移商业法案、小企业技术创新促进法等。

国外对于成果转化过程中常常出现的市场失灵现象，往往采用法律保障、政策鼓励和资金投入等手段进行干预，促进科技创新与经济社会发展深度融合。但是，有时由于政府行政手段包揽、直接介入或干预科技创新活动，导致了一些问题，例如："风险高"，政府直接介入容易导致忽略市场规律，政府主导的投资容易"看不准"，财政资金不能为促进成果转化实现最大价值；多个部门和机构的职能定位有重合，促进科技创新的资源和资金分散，不能形成合力，实现顶层设计的优势等。从世界各国的发展趋势来看，科技成果转化问题更多的是与科技管理体制相关的问题。美国等发达国家的科技成果之所以能很快应用到产业发展中去，主要原因在于，企业在技术创新中发挥着主体作用，不仅是应用开发的主力军，也大量从事基础研究，对高等学校、科研院所给予大量资助，使科研开发与企业发展需求紧密地结合起来；创新主体的功能定位比较明确，对科技成果的转化需求界定得比较清楚；政府财政科技投入虽然保持较大规模，但是注重围绕产业发展需求进行组织方式的创新，通过重大科技计划的方式组织产业界和研究力量形成研发联合体，保证科技成果的创造满足市场需求以及在产业发展中得到应用。

我国科技成果转化存在科技成果成熟度低、知识产权体系和权益保护法规不健全、中介服务体系障碍、风险投资体系障碍等问题，我国科技体制的一个很大的弊端，就是大量的科研机构独立于企业之外，长期形成了科技与经济相分离的局面。对于我国这种由计划经济向市场经济转换过程中的特殊阶段出现的特殊问题，我国各级政府应积极引导，大力支持企业建立自己的科研机构，尽快承担科技成果转化主体的重任，搞好科技成果的转化。

新修订的《科技成果转化法》提出加大加快大学、科研机构的成果向企业及社会转化的速度、转化的效率以及协调转化的利益机制分配。新法提出按照市场经济条件下约定有限的原则，科研成果完成单位可以规定科研人员奖励、报酬的方式和数额，在财政资金设立的科研院所和高等学校中，将职务发明成果转让收益在重要贡献人员、所属单位之间合理分配，对用于奖励科研负责人、骨干技术人员等重要贡献人员和团队的比例，可以从现行不低于20%提高到不低于50%。湖北省政府发布《关于推动高校院所科技人员服务企业研发活动的意见》，出台措施全面加快湖北科技资源优势转化为经济发展优势，按照这个意见的规定，对承担省内企业委托研发项目的高校院所研发团队和科技人员，可在项目经费中获得科研劳务收入，其中软件开发类、设计类和咨询类项目的比例最高可达团队使用经费部分的70%，其他项目比例最高可到50%，这都为科研人员带来了福音。

在此前提下，政府在促进科技成果转化过程中，特别是在由科技资源到科技成果转化到技术创新能力形成的路径中，到底在哪些资源要素上发挥了调节作用，这些作用是正向的还是负向的，是需要进一步讨论的问题。

7.2.1 假设条件和实证检验

1. 政府在技术转移阶段的调节作用

根据 6.1.1 的分析结果，在科技成果转化的技术转移阶段，科技资源中的信息资源对技术转移不具有任何影响关系，因此，政府对信息资源与技术转移的关系也应不具备任何调节作用。政府在技术转移阶段的调节作用假设条件如下，作用假设如图 7-4 所示。

H_{9a}：政府计划项目在人力资源对技术转移的影响作用中具有正向调节作用；

H_{9b}：政府计划项目在财力资源对技术转移的影响作用中具有正向调节作用；

7 政府和市场在科技成果转化阶段的调节作用

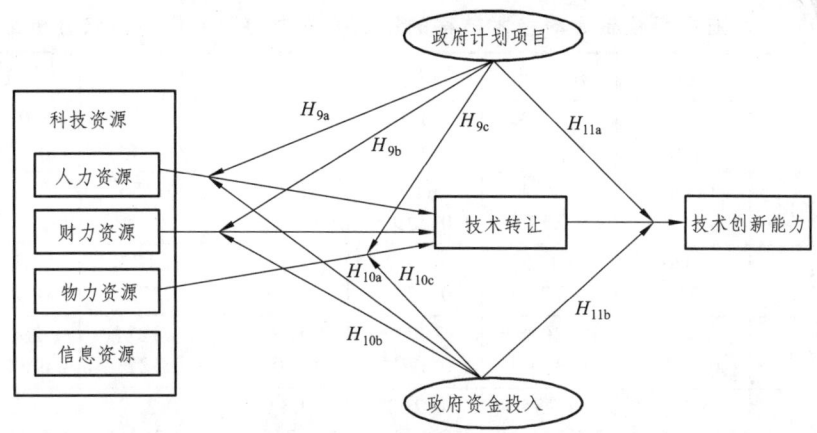

图 7-4 政府在技术转移阶段的调节作用假设

H_{9c}：政府计划项目在物力资源对技术转移的影响作用中具有正向调节作用；

H_{10a}：政府资金投入在人力资源对技术转移的影响作用中具有正向调节作用；

H_{10b}：政府资金投入在财力资源对技术转移的影响作用中具有正向调节作用；

H_{10c}：政府资金投入在物力资源对技术转移的影响作用中具有正向调节作用；

H_{11a}：政府计划项目在技术转移对技术创新能力的影响作用中具有正向调节作用；

H_{11b}：政府资金投入在技术转移对技术创新能力的影响作用中具有正向调节作用。

表 7-1 给出了政府在科技资源促进技术转移作用中的调节作用回归分析结果，共包括 6 个模型。模型 I 的解释变量只有控制变量，以验证技术领域（TD）和单位性质（QU）对技术转移的影响。模型 II 在控制变量的基础上增加了科技资源，以验证科技资源对技术转移的影响。模型 III 在模型 II 的基础上增加了调节变量政府计划项目，模型 IV 在模型 III 的基础上增加了政府计划项目和科技资源的交叉项，以验证政府计划项目的调节效应。模型 V 在模型 II 的基础上增加了调节变量政府资金投入，模型 VI 在模型 V 的基础上加入了政府资金投入和科技资源的交叉项，以验证政府资金投入的调节效应。

表 7-1 政府在科技资源对技术转移的影响关系中的调节作用回归分析结果

变量	模型 I	模型 II	模型 III	模型 IV	模型 V	模型 VI
Constant	-0.308 (0.220)	-0.322 (0.226)	-0.349 (0.226)	-0.348 (0.214)	-0.326 (0.228)	-0.324 (0.226)
TD-1	0.265 (0.229)	0.254 (0.237)	0.194 (0.239)	0.249 (0.225)	0.253 (0.238)	0.287 (0.237)
TD-2	0.160 (0.264)	0.172 (0.271)	0.207 (0.271)	0.316 (0.256)	0.173 (0.272)	0.174 (0.269)
TD-3	1.244*** (0.311)	1.280*** (0.321)	1.207*** (0.323)	0.959*** (0.308)	1.282*** (0.322)	1.296*** (0.316)
TD-4	0.230 (0.271)	0.235 (0.275)	0.202 (0.275)	0.313 (0.262)	0.227 (0.281)	0.269 (0.277)
TD-5	0.749*** (0.262)	0.741*** (0.267)	0.753*** (0.266)	0.808*** (0.259)	0.742*** (0.268)	0.698*** (0.266)
TD-6	0.116 (0.341)	0.142 (0.347)	0.194 (0.347)	0.068 (0.326)	0.143 (0.348)	0.354 (0.354)
QU-1	-0.260 (0.224)	-0.291 (0.238)	-0.264 (0.238)	-0.250 (0.227)	-0.290 (0.239)	-0.206 (0.238)
QU-2	0.090 (0.188)	0.126 (0.198)	0.194 (0.202)	0.081 (0.196)	0.133 (0.206)	0.158 (0.203)
HR		0.189** (0.081)	0.183** (0.082)	0.180** (0.079)	0.162* (0.087)	0.179** (0.088)
TR		0.149 (0.096)	-0.069 (0.098)	-0.013 (0.139)	0.030 (0.086)	-0.005 (0.093)
IR		0.165* (0.088)	-0.039 (0.080)	-0.080 (0.094)	-0.007 (0.078)	0.002 (0.084)
FR		0.173* (0.089)	0.162* (0.085)	0.119 (0.077)	0.170* (0.095)	0.136 (0.086)
GP			0.152 (0.099)	0.045 (0.098)		
GC					0.163* (0.089)	0.260* (0.143)
HR*GP				0.300*** (0.065)		
TR*GP				0.007 (0.080)		
FR*GP				0.155** (0.069)		
HR*GC						0.158* (0.081)

续表 7-1

变量	模型 Ⅰ	模型 Ⅱ	模型 Ⅲ	模型 Ⅳ	模型 Ⅴ	模型 Ⅵ
TR*GC						-0.246** (0.118)
FR*GC						0.165** (0.072)
R^2	0.132	0.136	0.149	0.272	0.136	0.190
ΔR^2	0.087	0.067	0.076	0.188	0.061	0.095
F	2.948***	1.980**	2.026**	3.213***	1.817**	2.011**
ΔF				6.162***		2.417**

注：$N=164$；***，**，*分别表示显著性水平为0.01，0.05，0.10；括号内为回归系数的标准差。

模型Ⅳ的 DW 值为 2.194，可以判定该模型不存在残差的序列相关性问题；各解变量的 VIF 值在 1.109~3.850，可以判定模型中各解释变量之间不存在多重共线性问题；根据模型得到的残差序列及其预测值计算 Spearman 等级相关系数，其值为 0.094，在 0.05 的显著性水平下不显著，可以判定该模型不存在异方差问题。模型Ⅵ的 DW 值为 2.229，可以判定该模型不存在残差的序列相关性问题；各解释变量的 VIF 值在 1.144~4.740，可以判定模型中各解释变量之间不存在多重共线性问题；根据模型得到的残差序列及其预测值计算 Spearman 等级相关系数，其值为 0.108，在 0.05 的显著性水平下不显著，可以判定该模型不存在异方差问题。

模型Ⅱ中人力资源、财力资源以及物力资源与技术转移的回归系数在 0.10 的显著性水平下显著（$B=0.189$，$P<0.05$；$B=0.173$，$P<0.10$；$B=0.165$，$P<0.10$），说明人力资源、财力资源以及物力资源对技术转移具有促进作用。表 7-1 中由模型Ⅲ到模型Ⅳ的 F 值的变化显著（$\Delta F=6.162$，$P<0.01$），说明政府计划项目在科技资源配置促进技术转移的关系中起到调节作用。

模型Ⅳ中人力资源以及财力资源和政府计划项目的交叉项与技术转移的回归系数在 0.05 的显著性水平下显著（$B=0.300$，$P<0.01$；$B=0.155$，$P<0.05$），说明实施政府计划项目能够增强人力资源和财力资源对技术转移的促进作用，政府计划项目起到正向的调节作用，假设 H_{9a}、H_{9b} 成立。因为物力资源以及信息资源和政府计划项目的交叉项不显著（$B=0.146$，$P>0.10$），所以政府计划项目对于物力资源促进技术转移的关系中的调节作用不存在，假设 H_{9c} 不成立。

模型 V 到模型 VI 的 F 值的变化显著（$\Delta F = 2.417$，$P<0.05$），说明政府资金投入在科技资源配置促进技术转移的关系中起到调节作用。模型 VI 中人力资源以及财力资源和政府资金投入的交叉项与技术转移的回归系数在 0.10 的显著性水平线显著（$B = 0.158$，$P<0.10$；$B = 0.165$，$P<0.05$），说明当政府增加资金投入时，能够增强人力资源和财力资源对技术转移的促进作用，政府资金投入起到正向的调节作用，假设 H_{10a}、H_{10b} 成立。因为物力资源和政府资金投入的交叉项不显著（$B = -0.052$，$P>0.10$），所以政府资金投入对于物力资源促进技术转移的调节作用不存在，假设 H_{10c} 不成立。

表 7-2 给出了政府在科技成果转化后期的回归分析结果，共包括 5 个模型。模型 I 的解释变量只有技术转移，以验证技术转移对技术创新能力的影响；模型 II 在模型 I 的基础上增加了调节变量政府计划项目，模型 III 在模型 II 的基础上增加了技术转移和政府计划项目的交叉项，以验证政府计划项目在科技成果转化后期的调节作用；模型 IV 在模型 I 的基础上增加了调节变量政府资金投入，模型 V 在模型 IV 的基础上增加了技术转移和政府资金投入的交叉项，以验证政府资金投入在科技成果转化后期的调节作用。

表 7-2 政府在技术转移促进技术创新能力作用中的调节作用回归分析结果

变量	模型 I	模型 II	模型 III	模型 IV	模型 V
Constant	0.004（0.078）	0.003（0.077）	-.016（0.075）	0.003（0.076）	0.006（0.075）
TS	0.156**（0.078）	0.138***（0.077）	0.031（0.082）	0.403***（0.076）	0.404***（0.082）
GP		0.155**（0.077）	0.166***（0.076）		
GC				0.193***（0.076）	0.185***（0.078）
TS*GP			0.118（0.079）		
TS*GC					0.126（0.084）
R^2	0.024	0.048	0.109	0.067	0.096
ΔR^2	0.018	0.036	0.092	0.056	0.080
F	4.066**	4.066**	4.531***	5.812***	5.796***
ΔF			1.959		1.163

注：$N = 164$；***，**，*分别表示显著性水平为 0.01，0.05，0.10；括号内为回归系数的标准差。

模型Ⅲ的 DW 值为 1.594，可以判定该模型不存在残差的序列相关性问题；各解变量的 VIF 值在 1.015~1.224，可以判定模型中各解释变量之间不存在多重共线性问题；根据模型得到的残差序列及其预测值计算 Spearman 等级相关系数，其值为 0.035，在 0.05 显著性水平下不显著，可以判定该模型不存在异方差问题。模型Ⅴ的 DW 值为 1.560，可以判定该模型不存在残差的序列相关性问题；各解释变量的 VIF 值在 1.085~1.282，可以判定模型中各解释变量之间不存在多重共线性问题；根据模型得到的残差序列及其预测值计算 Spearman 等级相关系数，其值为 0.101，在 0.05 的显著性水平下不显著，可以判定该模型不存在异方差问题。

表 7-2 中由模型Ⅱ到模型Ⅲ的 F 值以及模型Ⅳ到模型Ⅴ的 F 值的变化不显著（$\Delta F=1.959$，$P>0.10$；$\Delta F=1.163$，$P>0.10$），所以政府计划项目以及政府资金投入的调节作用不存在，即假设 H_{11a}、H_{11b} 均不成立。

2. 政府在科技成果扩散阶段的调节作用

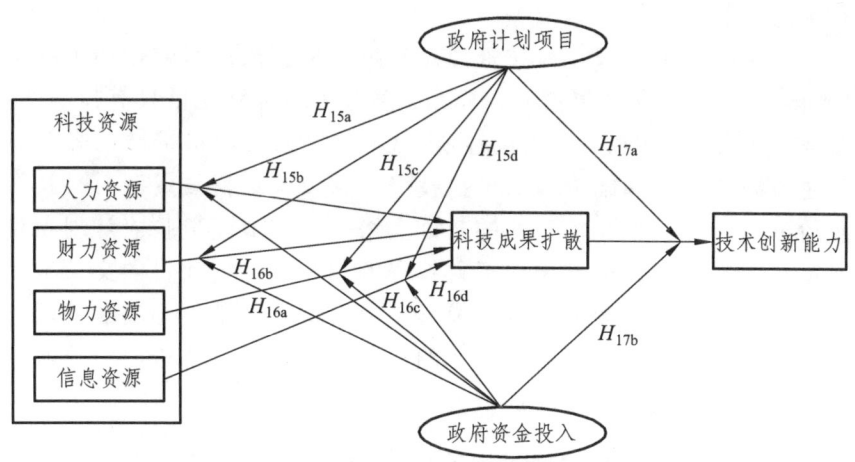

图 7-5 政府在科技成果扩散阶段的调节作用假设

政府在科技成果扩散阶段的调节作用假设条件如下：

H_{15a}：政府计划项目在人力资源对科技成果扩散的影响作用中具有正向调节作用；

H_{15b}：政府计划项目在财力资源对科技成果扩散的影响作用中具有正向调节作用；

H_{15c}：政府计划项目在物力资源对科技成果扩散的影响作用中具有正向调节作用；

H_{15d}：政府计划项目在信息资源对科技成果扩散的影响作用中具有正向调节作用；

H_{16a}：政府资金投入在人力资源对科技成果扩散的影响作用中具有正向调节作用。

H_{16b}：政府资金投入在财力资源对科技成果扩散的影响作用中具有正向调节作用。

H_{16c}：政府资金投入在物力资源对科技成果扩散的影响作用中具有正向调节作用。

H_{16d}：政府资金投入在信息资源对科技成果扩散的影响作用中具有正向调节作用。

$H1_{78a}$：政府计划项目在科技成果扩散对技术创新能力的影响作用中具有正向调节作用；

H_{17b}：政府资金投入在科技成果扩散对技术创新能力的影响作用中具有正向调节作用。

表 7-3 给出了政府在科技资源对科技成果扩散的影响作用中的调节作用回归分析结果，共包括 6 个模型。模型Ⅰ的解释变量只有控制变量，以验证技术领域（TD）和单位性质（QU）对科技成果扩散的影响。模型Ⅱ在控制变量的基础上增加了科技资源，以验证科技资源对科技成果扩散的影响。模型Ⅲ在模型Ⅱ的基础上增加了调节变量政府计划项目，模型Ⅳ在模型Ⅲ的基础上增加了科技资源和政府计划项目的交叉项，以验证政府计划项目的调节效应。模型Ⅴ在模型Ⅱ的基础上增加了调节变量政府资金投入，模型Ⅵ在模型Ⅴ的基础上加入了科技资源和政府资金投入的交叉项，以验证政府资金投入的调节效应。

表 7-3　政府在科技资源对科技成果扩散的影响关系中的调节作用回归分析结果

变量	模型Ⅰ	模型Ⅱ	模型Ⅲ	模型Ⅳ	模型Ⅴ	模型Ⅵ
Constant	-0.409* (0.224)	-0.367 (0.224)	-0.382* (0.225)	-0.332 (0.226)	-0.348 (0.226)	-0.307 (0.230)
TD-1	0.297 (0.233)	0.374 (0.235)	0.340 (0.239)	0.351 (0.237)	0.385 (0.236)	0.380 (0.240)
TD-2	0.256 (0.268)	0.212 (0.269)	0.232 (0.270)	0.283 (0.271)	0.207 (0.269)	0.242 (0.273)

续表 7-3

变量	模型 I	模型 II	模型 III	模型 IV	模型 V	模型 VI
TD-3	0.140*** (0.317)	0.081 (0.318)	0.040 (0.322)	−0.028 (0.325)	0.070*** (0.319)	0.081*** (0.321)
TD-4	0.793** (0.276)	0.770*** (0.273)	0.751*** (0.274)	0.740*** (0.277)	0.814** (0.278)	0.836** (0.281)
TD-5	0.680 (0.266)	0.635** (0.265)	0.642** (0.266)	0.780*** (0.274)	0.631 (0.265)	0.614 (0.271)
TD-6	0.155 (0.346)	0.168 (0.344)	0.197 (0.346)	0.180 (0.345)	0.163 (0.344)	0.160 (0.360)
QU-1	−0.194 (0.228)	−0.256 (0.236)	−0.240 (0.237)	−0.302 (0.240)	−0.264 (0.237)	−0.266 (0.242)
QU-2	0.282 (0.191)	0.227 (0.197)	0.265 (0.202)	0.314 (0.207)	0.181 (0.204)	0.160 (0.207)
HR		0.174** (0.080)	0.160* (0.082)	0.149* (0.083)	0.188** (0.082)	0.207** (0.098)
TR		0.162* (0.089)	0.071 (0.098)	0.311** (0.146)	0.112 (0.085)	0.084 (0.094)
IR		0.169* (0.091)	0.035 (0.080)	0.008 (0.099)	0.060 (0.077)	0.070 (0.086)
FR		0.194*** (0.079)	0.056 (0.079)	0.035 (0.081)	0.096 (0.087)	0.100 (0.088)
GP			0.085 (0.098)	0.070 (0.104)		
GC					−0.076 (0.080)	0.053 (0.140)
HR*GP				0.155** (0.068)		
TR*GP				−0.030 (0.085)		
IR*GP				0.010 (0.040)		
FR*GP				−0.181** (0.072)		
HR*GC						0.063 (0.112)
TR*GC						−0.068 (0.181)
IR*GC						−0.082 (0.140)
FR*GC						−0.084 (0.063)

续表 7-3

变量	模型 I	模型 II	模型 III	模型 IV	模型 V	模型 VI
R^2	0.102	0.168	0.188	0.265	0.152	0.164
ΔR^2	0.055	0.105	0.94	0.158	0.079	0.066
F	2.195**	2.685**	2.071**	1.990**	2.071**	1.681*
ΔF				2.045*		0.501

注：$N=164$；***、**、*分别表示显著性水平为 0.01、0.05、0.10；括号内为回归系数的标准差。

模型IV的 DW 值为 2.153，可以判定该模型不存在残差的序列相关性问题；各解释变量的 VIF 值在 1.051～3.850，可以判定模型中各个解释变量之间不存在多重共线性问题；根据模型得到的残差序列及其预测值计算 Spearman 等级相关系数，其值为 0.108，在 0.05 的显著性水平下不显著，可以判定该模型不存在异方差问题。模型VI的 DW 值为 2.165，可以判定该模型不存在残差的序列相关性问题；各解释变量的 VIF 值在 1.051～4.740，可以判定模型中各解释变量之间不存在多重共线性问题；根据模型得到的残差序列及其预测值计算 Spearman 等级相关系数，其值为 0.086，在 0.05 的显著性水平下不显著，可以判定该模型不存在异方差问题。

模型III到模型IV的 F 值的变化显著（$\Delta F=2.045$，$P<0.10$），说明政府计划项目在科技资源对科技成果扩散的影响作用中起到调节作用。模型IV中人力资源和政府计划项目的交叉项与科技成果扩散的回归系数在 0.05 的显著性水平下显著（$B=0.155$，$P<0.05$），说明实施政府计划项目时能够增强人力资源对科技成果扩散的促进作用，政府计划项目起到正向的调节作用，假设 H_{15a} 成立。模型IV中财力资源和政府计划项目的交叉项与科技成果扩散的回归系数在 0.05 的显著性水平下显著（$B=-0.181$，$P<0.05$），但回归系数为负，说明实施政府计划项目时能够抑制财力资源对科技成果扩散的促进作用，政府计划的正向调节作用不成立，假设 H_{15b} 不成立。因为模型IV中物力资源、信息资源和政府计划项目的交叉项与科技成果扩散的回归系数不显著（$B=0.010$，$P>0.10$；$B=-0.030$，$P>0.10$），所以政府计划项目对物力资源和信息资源的调节作用不存在，假设 H_{15c}、H_{15d} 不成立。

因为模型Ⅴ到模型Ⅵ的 F 值的变化不显著（$\Delta F = 0.501$，$P>0.10$），所以政府资金投入的调节作用不存在，假设 $H_{16a\text{-}d}$ 均不成立。

表 7-4 给出了政府在科技成果转化后期的回归分析结果，共包括 5 个模型。模型Ⅰ的解释变量只有科技成果扩散；模型Ⅱ在模型Ⅰ的基础上增加了调节变量政府计划项目，模型Ⅲ在模型Ⅱ的基础上增加了科技成果扩散和政府计划项目的交叉项，以验证政府计划项目在科技成果转化后期的调节作用；模型Ⅳ在模型Ⅰ的基础上增加了调节变量政府资金投入，模型Ⅴ在模型Ⅳ的基础上增加了科技成果扩散和政府资金投入的交叉项，以验证政府资金投入在科技成果转化后期的调节作用。

表 7-4 政府在科技成果扩散对技术创新能力的影响关系中的调节作用回归分析结果

变量	模型Ⅰ	模型Ⅱ	模型Ⅲ	模型Ⅳ	模型Ⅴ
Constant	0.003 （0.072）	0.003 （0.071）	−0.009 （0.072）	0.003 （0.070）	0.006 （0.070）
STAS	0.408*** （0.072）	0.394*** （0.072）	0.483*** （0.086）	0.403*** （0.070）	0.403*** （0.069）
GP		0.126* （0.072）	0.122* （0.072）		
GC				0.193*** （0.070）	0.186*** （0.071）
STAS*GP			0.089 （0.071）		
STAS*GC					0.102 （0.081）
R^2	0.167	0.183	0.183	0.204	0.215
ΔR^2	0.162	0.248	0.206	0.195	0.201
F	32.498***	27.988***	22.465***	20.681***	18.650***
ΔF			2.732*		2.860*

注：$N = 164$；***，**，*分别表示显著性水平为 0.01，0.05，0.10；括号内为回归系数的标准差。

模型Ⅲ的 DW 值为 1.550，可以判定该模型不存在残差的序列相关性问题；各解变量的 VIF 值在 1.070~1.136，可以判定模型中各解释变量之间不存在多重共线性问题；根据模型得到的残差序列及其预测值计算 Spearman 等级相关系数，其值为 0.197，在 0.05 的显著性水平下显著，说明该模型存在异方差问题,因此选用加权最小二乘法进行回归分析。模型Ⅴ的 DW 值为 1.570,可以判定该模型不存在残差的序列相关性问题;各解释变量的 VIF 值在 1.001~1.006,可以判定模型中各解释变量之间不存在多重共线性问题;根据模型得到的残差序列及其预测值计算 Spearman 等级相关系数,其值为 0.185,在 0.05 的显著性水平下显著,说明该模型存在异方差问题,因此选用加权最小二乘法进行回归分析,权重的选取都按照陈强给出的方法选取(陈强(2010))。

表7-4中由模型Ⅱ到模型Ⅲ的 F 值的变化显著($\Delta F = 2.732, P<0.10$),政府计划项目与科技成果扩散的交叉项和技术创新能力的回归系数在 0.10 的显著性水平下不显著($B = 0.089, P>0.10$),说明政府计划项目的调节作用不存在,假设 H_{17a} 不成立。

模型Ⅳ到模型Ⅴ的 F 值的变化显著($\Delta F = 2.860, P<0.10$),但政府资金投入与科技成果扩散的交叉项和技术创新能力的回归系数在 0.10 的显著性水平下不显著($B = 0.102, P>0.10$),说明政府资金投入的调节作用不存在,假设 H_{17b} 不成立。

7.2.2 主要结论与分析

我国现有科技计划项目缺乏对科技成果转化为创新能力的有效支撑。无论是在技术转移阶段,还是科技成果扩散阶段,政府的计划项目对科技成果转化与技术创新能力的影响关系中均没有调节作用,也就是说,作为政府干预的重要政策工具,科技计划项目在科技成果转化后期,在科技成果已经进入产品化、市场化之后,对于技术创新能力的促进作用十分有限。科技成果进入市场流通环节,更多地进入自由竞争的环境中,自由选择是经济活动的最基本原则,创新主体往往只需要根据市场需求逐步对产品进行系列化、成熟化的创新活动,因此,在这个阶段政府无法更多地进行有效的干预。

国外科技计划十分强调科技成果转化与产业化。为确保申请项目有产业化前景,技术创新计划规定,联邦资金只能用于支付直接项目成本,申请项目必须要有别的资金来源。美国纳米计划十分强调创新科技成果的技术扩散,强调技术向产品的转移。欧盟在其创新型联盟旗舰计划下,已经发起了欧洲创新伙伴行动,旨在加速推进科研成果转化和创新,消除欧洲科技创新体系中的障碍。在促进科技成果转化、技术转移方面,最主要的方式则是提供平台和信息。此外，欧盟通过加强创新驿站建设，将科技成果信息发布、宣传与中介服务有效集于一体。

多年来，我国科技成果转化工作多由一些不具备转化能力和资质的单位或者部门负责，例如高校实行的是传统的管理模式，配套政策不清晰，权、责、利无法分清，缺少一套固定的、合理的对从事科技成果转化工作的人员进行绩效评价的方法。很多科研工作者都只顾追求论文发表数量、获得科研项目的数量甚至是获得科技奖励的级别，往往忽视了科研成果的可实施性和可转化性。重理论、轻实践，重成果、轻应用的现象极为普遍，科研选题往往偏离生产实践和市场需求，导致了很多科研成果缺乏应用推广的基础。一些极其具有价值的研究成果，一旦项目结题验收，就被束之高阁，也没有经费继续支持进行深入的小试和中试，大量试验数据被严重浪费。此外，为了获得更高级别的科研项目，广大科技工作者投入相当多的精力在政府项目的申报、论证答辩、过程监督、验收检查、财务报销和成果鉴定等工作中，为了获得更加新颖的选题，不能很好地依据生产和市场需求设计研究内容，大大减弱了科技成果的转化效率和力度。反过来，政府科技计划项目也较少关注与生产、市场对接，与应用研究联系较多的项目，更侧重科研内容的创造性和新颖性，这些都降低了科技计划项目对于促进科技成果转化，提高技术创新能力的重要作用。即使不缺少配套技术，也不缺少从事科技成果转化的人力、物力和实验场地等主客观因素，但科技成果由于长期处于论文、研究报告、原型系统或实验室"样品"阶段，也就不能快速进行放大试验，快速推向市场，实现产品转化。

政府科技计划项目在科技成果转化前期更多发挥了人才的重要作用。根据实证分析结果，在科技资源对技术转移的影响关系中，政府计划项目在人力资源、财力资源促进技术转移的作用中具有明显的正向调节作用，也就是说，政府计划项目能够增强创新主体自身的人力资源、财力资源对于技术转移的促进作用。换句话说，在创新主体的技术转移过程中，政府计划项目起到了一定的作用，能够更多地激发创新主体的动力，引导创新主体在向外进行技术转移时配套相应的资金，从而更好地调配和利用各方资源优势。而在物力资源以及信息资源促进技术转移的作用中不具有调节作用，也就是说，在技术转移阶段，政府计划项目不会对物力资源对技术转移的促进产生任何作用。与此相同的是，以计划项目投入为主的政府资金投入方式,在人力资源、财力资源促进技术转移的作用中具有显著的调节作用,而在物力资源、信息资源促进技术转移的作用中不具有调节作用;在科技资源对科技成果扩散的影响关系中,政府计划项目只在人力资源促进技术转移的作用中具有明显的正向调节作用,而在财力资源、物力资源以及信息资源促进技术转移的作用中不具有调节作用。

创新主体在进行科技成果推广和扩散时,更多的是一种以需求为导向的主体行为。在创新主体已经形成一定研究成果,即将进入技术转移阶段时,政府通过科技计划项目支持的方式在这个时期的介入具有一定的意义。特别是在人力资源和财力资源的配置上,承担科技计划项目需要具备较高水平的科研人员,同时在很多类型的科技计划项目中,需要其地方政府和承担单位提供配套资金和自筹资金,政府的科技计划项目方式激励科研人员的主观能动性和相关单位的资金投入,具有一定"杠杆"作用。但在创新主体的技术、知识已经进行转移之后,创新主体更多地瞄准用户需要和细分市场领域,在这个环节所支持的科技计划项目只能调动科研人员的活力,使之产生创造的动力。而一旦新的产品、新技术(工艺)、新设备形成,进入市场流通阶段,更多需要的是拓宽市场渠道,不断地满足更大的市场需求,而此时政府无论是以科技计划项目支持的方式,还是以政府资金资助的方式,都无法产生明显的效果。在创新主体的知识已经转移之后,政府应放开手脚,留给创新主体足够的空间,充分运用各类营销手段进行市场拓展,更多地发挥引导作用,为科研人员的技术转移创新活动创造更多的政策条件,营造更好的氛围。

通过上述验证结果可以看出,政府在科技成果转化阶段的关键作用在于提升人才在科研活动中的创新动力。在已有的创新理论认为,创新主体将已有的创新能力作为进一步创新的动力。熊彼特强调在创新活动的具体实践中,企业家是企业技术创新的组织者,企业家的创新偏好不仅可以促成技术创新,还可以积极培育创新环境。政府在以科技计划项目的方式支持创新主体开展科技成果转化系列活动的同时,正好激发了人的创新动力这一基本诉求。在当前承担科技计划项目的项目负责人中,多为在学术界和产业界具有较高声誉,能够带领研发团队持续取得创新成果的科研人员,因此,政府在通过科技计划项目方式支持创新活动时,应更好地将着力点放在对创新人才的激励上、对创新人才的动力促进上。

此外，政府计划项目在财力资源促进科技成果扩散过程中具有负向的影响关系。通过验证结果可以看出，政府计划项目在财力资源对科技成果扩散的影响关系中具有反向的、抑制的调节作用。以工程中心为例，如果承接了政府计划项目，且项目的验收目标是形成新的产品、工艺和设备，工程中心需要自筹大量的资金实现政府计划项目的任务内容，因为一项科技成果从研发到最终的产业化，完成资源、技术和知识的扩散，最终实现资源有效的利用和组合是需要大量资金投入。且技术本身具有隐性特征，技术创新具有复杂和不确定性，能否通过规模化生产形成成熟的技术产品是有风险的，因此，创新主体在承担这类科技计划项目时需要从创新主体内部的资金中进行配套，降低了创新主体自主分配财力资源的支配能力，甚至导致资金供给能力下降，某种程度上可能产生"挤出"效应。

由此可见，在推动科技成果转化类的科技计划项目设置中，科技计划项目设置的主要目标应是在尊重创新主体的意愿下，更多地实现科学界和产业界的目标融合。创新主体也不应该只为了获得国家认可和所谓的荣誉感和使命感，无所考虑地承接科技计划项目，以为承接越多的计划项目越好。科技计划项目只有在产业界参与者目标与总体政策衔接在一起时才能取得成功，也只有这样，才能确保科技计划项目的相关政策的有效传导。科技计划项目的成功在很大程度上取决于知识和技术转移以及科研机构与企业之间的密切合作，在同一目标框架下，知识和技术转移及合作才能成为可能。当国家在科技计划项目所取得的技术突破基础上，把产品和服务成功推向市场时，科技计划项目才可以说真正取得了成果：新的消费模式的出现，新的产业参与者的兴起，社会效应对于科技计划项目的实施产生重大影响。

在推进科技成果转化工作中，政府应着力注重制定财政、金融、税收、公平竞争的优惠政策措施，完善创新环境创新机制，利用公共财政的杠杆效应和放大器作用吸引创新主体和社会投入研发创新，培育资金、知识、技术及研发人员自由转移和流动的市场，优化创新资源配置。政府资金的支持，着力在分担研发创新风险，扶持新技术、新产业的健康发展。建立公共服务平台，补贴创新技术的前期应用和中试，利用各种手段驱动经济社会各领域应用新技术、新产品等，推动新技术、新产业的广泛应用。特别是在促进新技术尽快形成良性循环和规模化新产业的同时，以新技术为基准制定行业或专业新标准，为新产品、新技术、新服务创造新的市场，鼓励新技术、新产品在市场上的推广，拉动新技术、新产品的市场需求。同时，鼓励先进技术替代低效率、低回报的工艺，制定落后技术和工艺的市场推出机制、限制措施，让新技术、新产业尽快形成增加值和全球竞争力。

7.3 市场在科技成果转化不同阶段的调节作用

从科技成果转化的定义可以体会到，科技成果转化是将科技活动的成果转化为生产力，是以获得经济效益为主要目的，促进科技成果的商业化和产业化进程。在科技成果转化的过程中，市场的调节方式有两种，承接来自社会的课题和接收社会资金支持。其中，社会资金是各个创新主体在开展科技成果转化过程中不可或缺也竞相争取的关键要素。科技成果转化是一项高投入、高风险、高收益且周期较长的活动，无论对于企业、高校还是科研院所来说，都需要从各个渠道获得足够的资金支持。对于高校和科研机构而言，自身并不具备科技成果的自我转化所需要的资金实力，需要大量的社会资金予以补充；而投资机构出于安全考虑，更愿意把资金投给有名气、实力雄厚的大企业。即使这样，对于科技成果转化周期长、技术风险和市场风险大的企业项目，银行和其他风险投资机构也相对谨慎小心，积极性不高，企业也会面临巨大的风险，进而拒绝进行高风险、投入大的高新技术成果研发。因此，是否有风险投资资金介入科技成果的研究开发、小试、中试、产品化、商品化和产业化活动中，是科技成果能否实现成功转化的重要条件。发达国家的研究开发、中试、成果的商品化三项经费一般比例是 1∶10∶100，我国的该项比例是 1∶1.1∶1.5，与发达国家相距甚远，(周亚庆和许为民，(2000))。由此限制了我国科技成果的市场转化。可以看出，社会资金投入是科学技术向生产转化、促进科技成果转化的重要催化剂。

在此前提下，市场在促进科技成果转化的过程中，特别是在由科技资源到科技成果转化再到技术创新能力形成的路径中，到底在哪些资源要素上发挥了调节作用，调节作用是积极的还是限制的，是接下来本书深入讨论的问题。

7.3.1 假设条件和实证检验

1. 市场在技术转移阶段的调节作用

根据 6.1.1 的分析结果,在科技成果转化的技术转移阶段,科技资源中的信息资源对技术转移不具有任何影响关系,因此,政府对信息资源与技术转移的关系中也应不具备任何调节作用,因此,市场在技术转移阶段的调节作用假设条件如下,作用假设如图 7-6 所示。

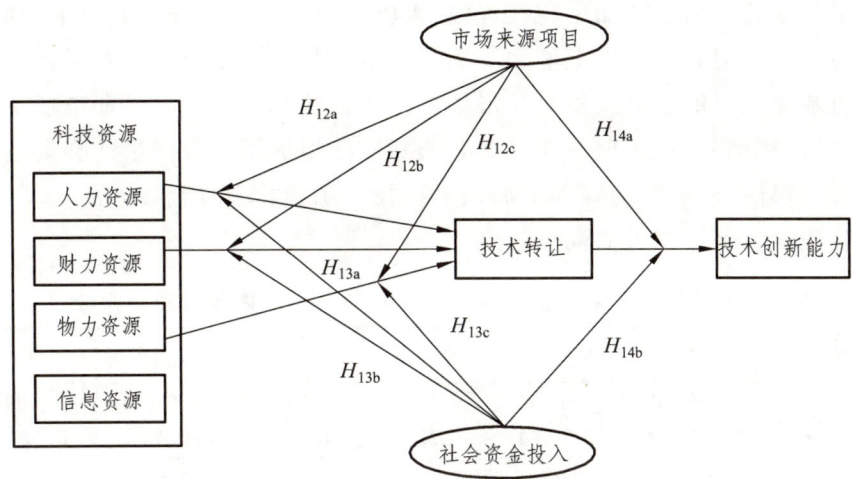

图 7-6　市场在技术转移阶段的调节作用假设

H_{12a}:市场来源项目在人力资源对技术转移的影响作用中具有显著的正向调节作用;

H_{12b}:市场来源项目在财力资源对技术转移的影响作用中具有正向调节作用;

H_{12c}:市场来源项目在物力资源对技术转移的影响作用中具有正向调节作用;

H_{13a}:社会资金投入在人力资源对技术转移的影响作用中具有正向调节作用;

H_{13b}:社会资金投入在财力资源对技术转移的影响作用中具有正向调节作用;

H_{13c}:社会资金投入在物力资源对技术转移的影响作用中具有正向调节作用;

H_{14a}：市场来源项目在技术转移对技术创新能力的影响作用中具有正向调节作用；

H_{14b}：社会资金投入在技术转移对技术创新能力的影响作用中具有正向调节作用。

表 7-5 给出了市场在科技资源对技术转移的影响作用中的调节作用回归分析结果，共包括 6 个模型。模型 Ⅰ 的解释变量只有控制变量，以验证技术领域（TD）和单位性质（QU）对技术转移的影响。模型 Ⅱ 在控制变量的基础上增加了科技资源，以验证科技资源对技术转移的影响。模型 Ⅲ 在模型 Ⅱ 的基础上增加了调节变量市场来源项目，模型 Ⅳ 在模型 Ⅲ 的基础上增加了科技资源和市场来源项目的交叉项，以验证市场来源项目的调节效应。模型 Ⅴ 在模型 Ⅱ 的基础上增加了调节变量社会资金投入，模型 Ⅵ 在模型 Ⅴ 的基础上加入了科技资源和社会资金投入的交叉项，以验证社会资金投入的调节效应。

表 7-5 市场在科技资源对技术转移的影响关系中的调节作用回归分析结果

变量	模型 Ⅰ	模型 Ⅱ	模型 Ⅲ	模型 Ⅳ	模型 Ⅴ	模型 Ⅵ
Constant	-0.308 (0.220)	-0.322 (0.226)	-0.198 (0.208)	-0.277 (0.178)	-0.331 (0.217)	-0.312 (0.227)
TD-1	0.265 (0.229)	0.254 (0.237)	0.217 (0.217)	0.198 (0.186)	0.202 (0.228)	0.217 (0.234)
TD-2	0.160 (0.264)	0.172 (0.271)	0.122 (0.248)	0.154 (0.220)	0.241 (0.261)	0.324 (0.274)
TD-3	1.244*** (0.311)	1.280*** (0.321)	1.202*** (0.293)	1.060*** (0.251)	1.279*** (0.308)	1.245*** (0.314)
TD-4	0.230 (0.271)	0.235 (0.275)	-0.203 (0.264)	0.053 (0.235)	0.050 (0.270)	0.052 (0.273)
TD-5	0.749*** (0.262)	0.741*** (0.267)	0.483* (0.248)	0.637*** (0.215)	0.721*** (0.257)	0.828*** (0.276)
TD-6	0.116 (0.341)	0.142 (0.347)	0.126 (0.317)	0.092 (0.271)	0.155 (0.333)	0.159 (0.337)
QU-1	-0.260 (0.224)	-0.291 (0.238)	-0.226 (0.218)	-0.179 (0.187)	-0.300 (0.229)	-0.330 (0.232)
QU-2	0.090 (0.188)	0.126 (0.198)	0.065 (0.182)	-0.117 (0.158)	0.199 (0.192)	0.179 (0.195)

续表 7-5

变量	模型 I	模型 II	模型 III	模型 IV	模型 V	模型 VI
HR		0.189** (0.081)	0.171** (0.075)	−0.059 (0.064)	0.224** (0.078)	0.158 (0.097)
TR		0.149 (0.096)	0.152 (0.091)	−0.148 (0.084)	0.117 (0.083)	0.122 (0.097)
IR		0.165* (0.088)	0.161* (0.072)	−0.034 (0.064)	0.171* (0.093)	0.164* (0.086)
FR		0.173* (0.089)	0.174** (0.072)	−0.002 (0.062)	0.396*** (0.132)	0.397*** (0.136)
MP			0.435*** (0.078)	0.062 (0.102)		
MC					0.486*** (0.134)	−0.463*** (0.178)
HR*MP				0.394*** (0.085)		
TR*MP				0.210*** (0.082)		
FR*MP				0.239*** (0.097)		
HR*MC						0.221** (0.104)
TR*MC						0.083 (0.075)
FR*MC						0.158* (0.089)
R^2	0.132	0.136	0.283	0.493	0.206	0.221
ΔR^2	0.087	0.067	0.221	0.434	0.137	0.131
F	2.948***	2.980***	4.562***	8.361***	2.995***	2.442***
ΔF				15.126***		2.018*

注：$N=164$；***，**，*分别表示显著性水平为 0.01，0.05，0.10；括号内为回归系数的标准差。

模型Ⅳ的 DW 值为 2.208，可以判定该模型不存在残差的序列相关性问题；各解释变量的 VIF 值在 1.051～3.000，可以判定模型中各解释变量之间不存在多重共线性问题；根据模型得到的残差序列及其预测值计算 Spearman 等级相关系数，其值为 0.065，在 0.05 的显著性水平下不显著，可以判定该模型不存在异方差问题。模型Ⅵ的 DW 值为 2.250，可以判定该模型不存在残差的序列相关性问题；各解释变量的 VIF 值在 1.055～4.052，可以判定模型中各解释变量之间不存在多重共线性问题；根据模型得到的残差序列及其预测值计算 Spearman 等级相关系数，其值为 0.079，在 0.05 的显著性水平下不显著，可以判定该模型不存在异方差问题。

模型Ⅲ到模型Ⅳ的 F 值的变化显著（$\Delta F = 15.126$，$P<0.01$），说明市场来源项目在科技资源配置对技术转移的影响作用中起到调节作用。模型Ⅳ中人力资源、物力资源以及财力资源和市场来源项目的交叉项与技术转移的回归系数在 0.01 的显著性水平下显著（$B = 0.394$，$P<0.01$；$B = 0.312$，$P<0.01$；$B = 0.239$，$P<0.01$），说明实施市场来源项目时能够增强人力资源、物力资源以及财力资源对技术转移的促进作用，市场来源项目起到正向的调节作用，假设 H_{12a}、H_{12b}、H_{12c} 成立。

模型Ⅴ到模型Ⅵ的 F 值的变化显著（$\Delta F = 2.018$，$P<0.10$），说明社会资金投入在科技资源配置对技术转移的影响作用中起到调节作用。模型Ⅵ中人力资源、物力资源以及财力资源和市场来源项目的交叉项与技术转移的回归系数在 0.10 的显著性水平下显著（$B = 0.221$，$P<0.05$；$B = 0.162$，$P<0.05$；$B = 0.158$，$P<0.10$），说明社会投入资金能够增强人力资源、物力资源以及财力资源对技术转移的促进作用，社会资金投入起到正向的调节作用，假设 H_{13a}、H_{13b}、H_{13c} 成立。

表 7-6 给出了市场在科技成果转化后期的作用的回归分析结果，共包括 5 个模型。模型Ⅰ的解释变量只有技术转移；模型Ⅱ在模型Ⅰ的基础上增加了调节变量市场来源项目，模型Ⅲ在模型Ⅱ的基础上加入了市场来源项目和技术转移的交叉项，以验证市场来源项目在科技成果转化后期的调节作用；模型Ⅳ在模型Ⅰ的基础上增加了调节变量社会资金投入，模型Ⅴ在模型Ⅳ的基础上增加了社会资金投入和技术转移的交叉项，以验证社会资金投入在技术转移后期的调节作用。

表 7-6　市场在技术转移对技术创新能力的影响关系中的调节作用回归分析结果

变量	模型Ⅰ	模型Ⅱ	模型Ⅲ	模型Ⅳ	模型Ⅴ
Constant	0.004 (0.078)	0.003 (0.070)	-0.006 (0.071)	0.003 (0.068)	0.032 (0.069)
TS	0.156** (0.078)	-0.022 (0.076)	-0.053 (0.084)	0.226*** (0.069)	0.200*** (0.070)
MP		0.464*** (0.076)	0.430*** (0.086)		
MC				0.488*** (0.198)	0.632*** (0.179)
TS*MP			0.223* (0.128)		
TS*MC					0.200* (0.118)
R^2	0.024	0.208	0.211	0.508	0.521
ΔR^2	0.018	0.198	0.196	0.258	0.271
F	4.066***	21.112***	14.284***	4.066**	28.027***
ΔF			2.760*		2.882*

注：$N=164$；***，**，*分别表示显著性水平为0.01，0.05，0.10；括号内为回归系数的标准差。

模型Ⅲ的 DW 值为 1.718，可以判定该模型不存在残差的序列相关性问题；各解变量的 VIF 值在 1.446~1.822，可以判定模型中各解释变量之间不存在多重共线性问题；根据模型得到的残差序列及其预测值计算 Spearman 等级相关系数，其值为 0.068，在 0.05 的显著性水平下不显著，可以判定该模型不存在异方差问题。模型Ⅴ的 DW 值为 1.590，可以判定该模型不存在残差的序列相关性问题；各解释变量的 VIF 值在 1.072~2.710，可以判定模型中各解释变量之间不存在多重共线性问题；根据模型得到的残差序列及其预测值计算 Spearman 等级相关系数，其值为 0.097，在 0.05 的显著性水平下不显著，可以判定该模型不存在异方差问题。

模型Ⅱ到模型Ⅲ的 F 值的变化显著（$\Delta F=2.760$，$P<0.10$），且市场来源项目与技术转移的交叉项和技术创新能力的回归系数在 0.10 的显著性水平下显著（$B=0.223$，$P<0.10$），说明市场来源项目的调节作用存在，即在科技成果转化后期市场来源项目能够增强技术转移对技术创新

能力的促进作用，假设 H_{14a} 成立。模型Ⅳ到模型Ⅴ的 F 值的变化显著（$\Delta F = 2.882$, $P<0.10$），且社会资金投入与技术转移的交叉项和技术创新能力的回归系数在 0.10 的显著性水平下显著（$B = 0.200$, $P<0.10$），说明社会资金投入的调节作用存在，即在科技成果转化后期社会资金投入能够增强技术转移对技术创新能力的促进作用，假设 H_{14b} 成立。

2. 市场在科技成果扩散阶段的调节作用（图 7-7）

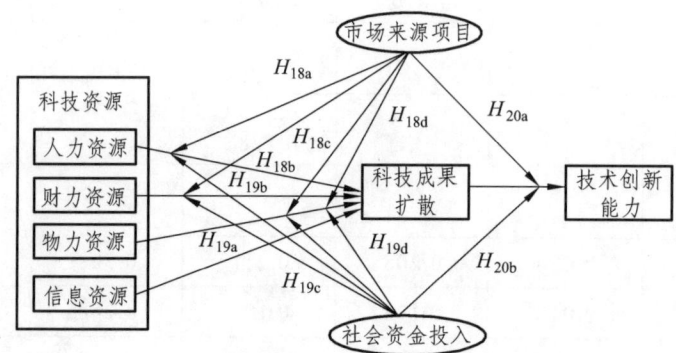

图 7-7 市场在科技成果扩散阶段的调节作用假设

市场在科技成果扩散阶段的调节作用假设条件如下：

H_{18a}：市场来源项目在人力资源对科技成果扩散的影响作用中具有正向调节作用；

H_{18b}：市场来源项目在财力资源对科技成果扩散的影响作用中具有正向调节作用；

H_{18c}：市场来源项目在物力资源对科技成果扩散的影响作用中具有正向调节作用；

H_{18d}：市场来源项目在信息资源对科技成果扩散的影响作用中具有正向调节作用；

H_{19a}：社会资金投入在人力资源对科技成果扩散的影响作用中具有正向调节作用；

H_{19b}：社会资金投入在财力资源对科技成果扩散的影响作用中具有正向调节作用；

H_{19c}：社会资金投入在物力资源对科技成果扩散的影响作用中具有正向调节作用；

H_{19d}：社会资金投入在信息资源对科技成果扩散的影响作用中具有正向调节作用；

H_{20a}：市场来源项目在科技成果扩散对技术创新能力的影响作用中具有正向调节作用；

H_{20b}：社会资金投入在科技成果扩散对技术创新能力的影响作用中具有正向调节作用。

表 7-7 给出了市场在科技资源对科技成果扩散的影响作用中的调节作用回归分析结果，共包括 6 个模型。模型 I 的解释变量只有控制变量，以验证技术领域（TD）和单位性质（QU）对科技成果扩散的影响。模型 II 在控制变量的基础上增加了科技资源，以验证科技资源对科技成果扩散的影响。模型 III 在模型 II 的基础上增加了调节变量市场来源项目，模型 IV 在模型 III 的基础上增加了科技资源和市场来源项目的交叉项，以验证市场来源项目的调节效应。模型 V 在模型 II 的基础上增加了调节变量社会资金投入，模型 VI 在模型 V 的基础上加入了科技资源和社会资金投入的交叉项，以验证社会资金投入的调节效应。

表 7-7 市场在科技资源对科技成果扩散的影响关系中的调节作用回归分析结果

变量	模型 I	模型 II	模型 III	模型 IV	模型 V	模型 VI
Constant	-0.409* (0.224)	-0.367 (0.224)	-0.260 (0.212)	-0.308 (0.198)	-0.370 (0.224)	-0.330 (0.235)
TD-1	0.297 (0.233)	0.374 (0.235)	0.341 (0.221)	0.275 (0.207)	0.358 (0.236)	0.347 (0.242)
TD-2	0.256 (0.268)	0.212 (0.269)	0.169 (0.252)	0.107 (0.246)	0.232 (0.269)	0.261 (0.284)
TD-3	0.140*** (0.317)	0.081 (0.318)	0.014 (0.299)	-0.038 (0.280)	0.080 (0.318)	0.054 (0.325)
TD-4	0.793** (0.276)	0.770*** (0.273)	0.395 (0.268)	0.585** (0.262)	0.715** (0.278)	0.698 (0.283)
TD-5	0.680 (0.266)	0.635** (0.265)	0.414 (0.253)	0.423* (0.240)	0.629** (0.265)	0.680 (0.285)
TD-6	0.155 (0.346)	0.168 (0.344)	0.155 (0.323)	0.083 (0.302)	0.172 (0.344)	0.161 (0.349)
QU-1	-0.194 (0.228)	-0.256 (0.236)	-0.199 (0.222)	-0.179 (0.209)	-0.259 (0.236)	-0.275 (0.240)

续表 7-7

变量	模型 I	模型 II	模型 III	模型 IV	模型 V	模型 VI
$QU\text{-}2$	0.282（0.191）	0.227（0.197）	0.175（0.185）	0.046（0.176）	0.249（0.198）	0.226（0.201）
HR		0.174**（0.080）	0.131*（0.076）	0.147**（0.071）	0.184**（0.081）	0.196**（0.087）
TR		0.162*（0.089）	0.021（0.082）	−0.004（0.083）	0.107（0.085）	0.131（0.100）
IR		0.169*（0.097）	0.007（0.073）	0.060（0.072）	0.059（0.077）	0.060（0.078）
FR		0.194***（0.079）	0.043（0.074）	0.049（0.070）	0.182（0.136）	0.179（0.141）
MP			0.373***（0.080）	−0.022（0.114）		
MC					−0.145（0.138）	−0.086（0.184）
$HR*MP$				0.231**（0.095）		
$TR*MP$				0.134（0.083）		
$IR*MP$				0.141（0.125）		
$FR*MP$				0.169（0.106）		
$HR*MC$						0.165**（0.079）
$TR*MC$						0.156*（0.083）
$IR*MC$						0.191***（0.077）
$FR*MC$						0.173**（0.079）
R^2	0.102	0.168	0.256	0.369	0.154	0.275
ΔR^2	0.055	0.105	0.192	0.296	0.081	0.168
F	2.195**	2.685**	3.975***	5.025***	2.103**	1.698**
ΔF				6.530***		2.977**

注：$N=164$；***，**，*分别表示显著性水平为 0.01，0.05，0.10；括号内为回归系数的标准差。

模型Ⅳ的 DW 值为 2.138，可以判定该模型不存在残差的序列相关性问题；各解释变量的 VIF 值在 1.071~3.000，可以判定模型中各解释变量之间不存在多重共线性问题；根据模型得到的残差序列及其预测值计算 Spearman 等级相关系数，其值为 0.090，在 0.05 的显著性水平下不显著，可以判定该模型不存在异方差问题。模型Ⅵ的 DW 值为 2.145，可以判定该模型不存在残差的序列相关性问题；各解释变量的 VIF 值在 1.051~5.927，可以判定模型中各解释变量之间不存在多重共线性问题；根据模型得到的残差序列及其预测值计算 Spearman 等级相关系数，其值为 0.102，在 0.05 的显著性水平下不显著，可以判定该模型不存在异方差问题。

模型Ⅲ到模型Ⅳ的 F 值的变化显著（$\Delta F = 6.530$，$P<0.01$），说明市场来源项目在科技资源配置对科技成果扩散的影响作用中起到调节作用。模型Ⅳ中人力资源和市场来源项目的交叉项与科技成果扩散的回归系数在 0.05 的显著性水平下显著（$B = 0.231$，$P<0.05$），说明市场来源项目能够增加人力资源对科技成果扩散的促进作用，市场来源项目起到正向的调节作用，假设 H_{18a} 成立。因为模型Ⅳ中财力资源、物力资源和信息资源与市场来源项目的交叉项的回归系数不显著（$B = 0.169$，$P>0.10$；$B = 0.141$，$P>0.10$；$B = 0.134$，$P>0.10$），所以假设 H_{18b}、H_{18c}、H_{18d} 不成立。

模型Ⅴ到模型Ⅵ的 F 值的变化显著（$\Delta F = 2.977$，$P<0.05$），说明社会资金投入在科技资源对科技成果扩散的影响作用中起到调节作用。模型Ⅵ中人力资源、财力资源以及物力资源和社会资金投入的交叉项与科技成果扩散的回归系数在 0.05 的显著性水平下显著（$B = 0.165$，$P<0.05$；$B = 0.173$，$P<0.05$；$B = 0.191$，$P<0.01$），说明社会资金投入能够显著增强人力资源、财力资源以及物力资源对科技成果扩散的促进作用，社会资金投入起到正向调节作用，假设 H_{19a}、H_{19b}、H_{19c} 成立。信息资源和社会资金投入的交叉项与科技成果扩散的回归系数在 0.10 的显著性水平下显著（$B = 0.156$，$P<0.10$），说明社会资金投入能够增强信息资源对科技成果扩散的促进作用，在一定程度上支持了假设 H_{19d}。

表 7-8 给出了市场在科技成果转化后期的调节作用的回归分析结果，共包括 5 个模型，模型的被解释变量都是技术创新能力。模型Ⅰ的解释变量只有科技成果扩散；模型Ⅱ在模型Ⅰ的基础上增加了调节变量市场来源项目，模型Ⅲ在模型Ⅱ的基础上加入了科技成果扩散和市场来源项目的交叉项，以验证市场来源项目在科技成果转化后期的调节作用；模型Ⅳ在模型Ⅰ的基础上增加了调节变量社会资金投入，模型Ⅴ在模型Ⅳ的基础上增加了科技成果扩散和社会资金投入的交叉项，以验证社会资金投入在科技成果扩散后期的调节作用。

表 7-8 市场在科技成果扩散对技术创新能力的影响关系中的调节作用回归分析结果

变量	模型Ⅰ	模型Ⅱ	模型Ⅲ	模型Ⅳ	模型Ⅴ
Constant	0.003（0.072）	0.003（0.068）	0.005（0.068）	0.003（0.063）	0.006（0.061）
STAS	0.408***（0.072）	0.256***（0.076）	0.301***（0.086）	0.390***（0.063）	0.342***（0.06）
MP		0.341***（0.076）	0.383***（0.085）		
MC				0.439***（0.167）	0.444***（0.171）
STAS*MP			−0.026（0.024）		
STAS*MC					0.400***（0.125）
R^2	0.167	0.260	0.266	0.360	0.399
ΔR^2	0.162	0.251	0.252	0.352	0.387
F	32.498***	28.305***	19.280***	45.238***	35.354***
ΔF			1.170		10.277***

注：$N=164$；***，**，*分别表示显著性水平为 0.01，0.05，0.10；括号内为回归系数的标准差。

模型Ⅲ的 DW 值为 1.596，可以判定该模型不存在残差的序列相关性问题；各解变量的 VIF 值在 1.575~2.008，可以判定模型中各解释变量之间不存在多重共线性问题；根据模型得到的残差序列及其预测值计算 Spearman 等级相关系数，其值为 0.053，在 0.05 的显著性水平下不显著，可以判定该模型不存在异方差问题。模型Ⅴ的 DW 值为 1.585，可以判定该模型不存在残差的序列相关性问题；各解释变量的 VIF 值在 1.002~1.060，可以判定模型中各解释变量之间不存在多重共线性问题；根据模型得到的残差序列及其预测值计算 Spearman 等级相关系数，其值为 0.108，在 0.05 的显著性水平下不显著，可以判定该模型不存在异方差问题。

模型 II 到模型 III 的 F 值的变化不显著（$\Delta F = 1.170$，$P>0.10$），所以市场来源项目的调节作用不存在，假设 H_{20a} 不成立。

由模型 IV 到模型 V 的 F 值的变化显著（$\Delta F = 10.277$，$P<0.01$），且社会资金投入与科技成果扩散的交叉项和技术创新能力的回归系数在 0.01 的显著性水平下显著（$B = 0.400$，$P<0.01$），说明社会资金投入的调节作用存在，即社会资金投入能够增强科技成果扩散对技术创新能力的促进作用，假设 H_{20b} 成立。

7.3.2 主要结论与分析

社会资金投入较之市场项目支持方式在科技成果转化阶段更具有配置作用。从验证分析结果可以看出，市场来源项目能够增加人力资源对科技成果扩散的正向促进作用，社会资金投入能够增加人力资源、财力资源以及物力资源对科技成果扩散的正向促进作用。在科技成果转化后期，市场来源项目和社会资金投入方式都能增强技术转移对技术创新能力的正向促进作用，但只有社会资金投入方式能够增强科技成果转化对技术创新能力的正向促进作用。在科技资源与科技成果扩散的影响关系中，社会资金投入较之市场来源项目，更具有调节性。

本书的实证分析对象，即国家工程中心的收入，包括政府拨款和经营性收入两大块，政府拨款和经营性收入的比例大致达到 1:10；经营性收入来源主要包括产品销售收入、技术性收入和工程承包收入等，并以产品销售收入和技术性收入为主。社会资本注入往往选择具有较好技术创新能力、较高竞争力和较高成长性的创新主体进行投资，并为那些具有良好市场前景的技术项目和创新成果提供转化的途径，结合自身经验和资源优势将技术创新成果商业化和产业化，最终转化为现实生产力和市场成果，这能够很好地弥补资金不足的缺陷。一般来说，通过市场方式引入资金，然后把这类财务资金作为一类特殊的生产要素进行流动和配置，可以有效促进技术创新的其他资源（如有形的物质资源、人力资源等）进入到创新活动中来。市场的财力资源渠道更广泛、类型更丰富，特别是风险投资和金融机构贷款等社会资金，对技术创新具有重要作用。

科技成果转化是"知识"变成"财富"的过程，无论是创新主体承担来源于市场的合作项目，还是接受风险投入、银行贷款等资金注入，都可以加快科技成果的扩散，从而增强技术创新能力。科技成果扩散过程中的各方，包括企业、科研院所、高校、中介机构甚至国外相关机构，在以市场项目（横向项目）和社会资金注入（风险投资等）的方式中实现了资源互补，相互促进、协同发展，各自发挥着重要的主体作用，在广泛的产学研合作中获得了巨大的经济效益和社会效益。但科技成果扩散阶段，对于很多创新主体而言，资金需求量大，不仅需要购置大量先进的实验装置、仪器设备和试验材料，还需要开展大量的研发试验，解决小试和中试阶段出现的复杂问题，因此，在这个阶段，社会资本的注入往往能够帮助创新主体越过低谷，为实现最后突破创造可能。

综上所述，市场较之政府，在科技成果扩散阶段具有更强的科技资源配置作用。市场机制就是为科技资源配置构建了一个统一、开放、竞争、有序的平台体系，让知识资本化，让科研成果与商业资本、风险资本紧密结合，在资本运作模式下最大限度地创造高额利润。根据市场需求和动态发展，创新主体能够自觉地配置创新要素，提供更好的技术服务，加强与产业上下游的合作、协同，从而提高自主创新的能力，增强技术创新的竞争力，进而促进经济社会的发展。市场项目体现了市场需求，为适应市场变化的现实要求，创新主体必然需要及时调整技术研发和经营模式，突破核心技术，利用一切资源迅速扩张，短时期形成绝对优势，从而能够大大提高新技术研发效率，增强创新主体的竞争力。这是一种积极的技术创新模式，值得借鉴。应充分发挥市场在科技成果转化过程中的决定性作用，由市场决定科技成果的价格。合理的市场价格能够确保市场供求关系的平衡和科技资源的提高及科技资源利用效率的提升。为此，应建立科技成果的中介服务体系，深化产学研合作，研究机构评价体系，鼓励科学科技人员创业，促进研究机构与行业之间的密切合作关系的形成。建立诚信体系，完善信息披露，保证供需双方守信合作。

尽管我们一直在强调要发挥市场在科技成果转化中的决定性作用，这并不能说明政府配置在科技成果转化中不重要，不需要政府介入科技成果转化中来。即使是在市场经济发展较为完善，甚至奉行自由经济制度的国家，比如德国政府也始终坚决贯彻"自主先于国家促进"的原则建立技术服务体系。从世界各国发展趋势来看，科技成果转化问题更多的是与科技管理体制相关的。美国等发达国家的科技成果之所以能很快地应用到产业发展中去，主要原因在于，一是企业在技术创新中发挥着主体作用，不仅是应用开发的主力军，也大量从事基础研究，对高等学校、科研院所给予了大量的资助，使科研开发与企业发展需求紧密地结合起来；二是创新主体的功能定位比较明确，对科技成果的转化需求界定得比较清楚；三是政府财政科技投入虽然保持较大规模，但是注重围绕产业发展需求进行组织方式的创新，通过重大科技计划促进产业界和研究力量形成研发联合体，保证科技成果的创造满足市场需求以及在产业发展中得到应用。国家的科技体制建设，重要的是形成有利于科技成果转化的长效机制，使得科技创新能够不断地适应经济和社会发展的需求，并建立起有利于科技成果的市场选择和应用机制。在我国实施创新驱动发展战略，经济发展进入"新常态"的今天，政府应面向经济社会发展主战场，从转变观念、营造完善的制度环境入手，采取切实可行的措施加速科技成果转化，提高科技成果转化水平，建立长效可行的体制机制。

7.4 本章小结

本章分析了政府和市场在科技成果转化的不同阶段，即技术转移阶段和科技成果扩散阶段的调节作用，以国家工程中心为实证分析对象，分析了政府和市场在科技资源促进科技成果转化过程中的不同调节作用，以及政府和市场在科技成果转化促进技术创新能力提高过程中的调节作用，并提出了相关结论和建议。

8 总结与展望

8.1 主要结论

1. 我国创新基地建设是实施人才强国战略的重要政策工具

我国创新基地充分发挥品牌效应，聚集了一批行业优秀技术人才，培育了一批懂技术、懂市场、懂经营的工程技术人才，形成了以研究人员、工程技术人员以及经营管理人员三位一体的创新团队。工程化试验装备的先进性、配套性不断完善，新建或改建了一批中试基地和产业化基地，形成了国内一流的工程化试验条件，为科技成果的工程化、成熟化、产业化提供有力保障。由此可见，我国创新基地的建设能够改善科研条件和环境，为广大科研工作者特别是青年人才提供高水平的创新条件和公平的竞争机会，提供与顶尖科学家和工程师一道工作的机会，为优秀科技人才不断涌现和充分发挥作用提供强有力支撑；创新基地建立的科技资源共享机制，可形成有利于科技人才发展的宽松环境，在培养研究人才的同时，也为科技设施的建设和运行提供重要技术支撑与管理人才，增强我国在科技人才方面的竞争力。

2. 科技资源的规模和质量是提高技术创新能力的重要基础条件

科技资源是从事科技创新和开发活动中需要的工具和手段，是保障科技发展的重要支撑基础，是衡量一个国家科技实力、经济和社会发展水平的重要标志之一。科技资源配置对技术创新能力具有直接的积极影响。在充分竞争的经济社会中，各类科技资源价值的聚集、利用和价值体系，是产生其他更多科技资源的应用基础，不断扩大存量资源的规模和质量，通过增量资源来调控存量资源是优化科技资源配置的有效途径。科技资源的配置有自身的内在规律和发展规律，从量变到质变就是规律中科技资源配置规模的反应。科技资源配置的规模大小往往反映出了政府和市场的投入规模和政策倾向,决定了知识创新和技术创新的水平和质量。促进技术创新,提升技术创新能力,需要在已有科技资源存量的基础上,注重扩大和提高科技资源配置的增量和质量,通过增量资源来促使存量资源在科技资源转化中的各个要素,包括知识、技术、管理、资本的活力竞相迸发,释放巨大的发展潜力,更好地全面支撑科技创新。

3. 政府计划项目支持方式更多发挥了人力资源对技术创新能力的调节作用

科技计划项目是以科学研究和技术开发为目的而设立的,是促进科技资源提高创新能力的有效方式,政府通过科技计划项目支持的方式,能够有效激励创新活动中人的积极性。政府科技计划对于创新能力的调节作用,更多的是发挥了人的积极性和知识的创造性,也正是因为这一点,人才资源才是真正创造价值和提高技术创新能力的最为关键要素,即科技创新人才所付出的知识型劳动是提升技术创新能力的关键要素。相对而言,政府计划项目在财力资源、物力资源与技术创新能力关系中不具有显著的调节作用,即创新主体通过获得科技计划项目支持额的方式,无法有效提升创新基地本身的资金、仪器设备等科技资源对技术创新能力的支撑作用,也就无法达到有效配置财力资源和物力资源的目的。

4. 市场较之政府在科技资源对技术创新能力的影响关系中具有较强的调节作用

社会资金投入在人力、财力和信息资源对技术创新能力的促进作用中起到明显的正向调节作用,随着资金投入的增加,创新主体能够更加充分利用自身的人力资源、财力资源和信息资源优势,进而为以获得能力为前提的研发活动提供保障支撑。伴随着改革开放的步伐,我国科技资源市场化配置的优势逐步显现,已成为产生巨大创新动力的源泉。科技资源的市场化配置,使得能转化为生产力的知识、技术和仪器设备等,通过市场实现了流通、交易和生产。具备核心技术或知识产品的机构和个人,在市场活动中产生了源源不断的创新活力和动力,不断在市场竞争中寻找到自己的定位和职能。在以提高技术创新能力为前提的配置中,市场发挥了决定性作用。政府在科技资源配置与科技成果转化的过程中扮演着引领者的角色,政府能够通过制订计划、法规、配套政策,运用行政、法律、经济等手段,对科技资源以及科技成果转化供需双方实行具有决策导向的宏观调控。市场机制常造成创新产生的部分利润向外转移、创新收益弱化的现象。为此，政府应承担起"再分配者"的重要职责，鼓励实施包括科研投入、税收减免、创新奖励、政府采购倾斜等在内的措施，激发商业领域的创新动力，扶持商业创新机构发展壮大。国家的科技体制建设，重要的是形成有利于科技成果转化的长效机制，使得科技创新能够不断地适应经济和社会发展需求，并建立起有利于科技成果扩散的市场选择和应用机制。

5. 科技成果转化是实现科技资源优化配置和技术创新能力提升的重要途径

科技成果不论是在技术转移阶段还是在科技成果扩散阶段，都在科技资源与技术创新能力的影响作用中发挥了重要的中介作用。按照客观科学规律，科技成果以知识形态产生后，经过试验、开发、应用和推广，最后形成新产品、新工艺、新材料，这是一个物质形态发生变化的过程，必须遵循科学创新规律。科技成果转化除了科研阶段，还包括科学技术成果的技术转移过程，这个过程属于交易过程，应遵循市场规律。科技成果技术转移标志着科技成果从科研实验室走向市场，从原创产品转变为商品，更好地服务于经济和社会，这是提升技术创新能力、促进科技创新的重要目标。科技成果转化的这两个过程都属于技术创新层面问题，因此不难看出，科技成果转化对技术创新具有重要促进作用，科技成果转化是提高技术创新能力的重要途径。科技成果转化都在科技资源促进技术创新能力过程中发挥了重要的中介作用。在科技成果转化的技术转移阶段和科技成果扩散阶段，各类科技资源对科技转化的促进作用不尽相同。技术转移和科技成果转化是互相影响、互相发展的。

6. 我国现有的科技计划项目缺乏对科技成果转化为创新能力的有效支撑

无论是在技术转移阶段，还是在科技成果扩散阶段，政府的计划项目对科技成果转化与技术创新能力的影响关系中没有调节作用，也就是说，作为政府干预的重要政策工具，科技计划项目在科技成果转化后期，在科技成果已经进入产品化、市场化之后，对于技术创新能力的促进作用十分有限。科技成果进入市场流通环节，更多地进入自有竞争的环境中，自由选择是经济活动的最基本原则，创新主体往往只需要根据市场需求逐步对产品进行系列化、成熟化的创新活动，因此，在这个阶段政府无法更多地进行有效的干预。在推动科技成果转化类的科技计划项目设置中，实现科学界和产业界的目标融合应该是科技计划项目设置的主要目标。科技计划项目只有在产业界参与者的目标与总体政策衔接在一起时才能成功实施，也只有这样，才能确保科技计划项目的相关政策得到有效传导。

7. 政府配置模式在科技成果转化前期，特别是技术转移前期具有一定的调节作用

创新主体在进行科技成果的知识转移和流动时，更多的是一种以需求为导向的主体行为。在创新主体已经形成了一定的研究成果，即将进入技术转移阶段时，政府通过科技计划项目支持的方式介入具有一定的意义，特别是在人力资源和财力资源的配置上，承担科技计划项目需要具备较高水平的科研人员，同时在很多类型的科技计划项目中，需要其地方政府和承担单位提供配套资金和自筹资金，政府的科技计划项目能撬动科研人员的主观能动性，促进相关单位的资金投入，具有一定"杠杆"作用。但在创新主体的技术、知识已经发生转移之后，创新主体更多地瞄准用户需要和细分市场领域，这个环节所支持的科技计划项目只能调动科研人员的活力，使之产生创造的动力。而一旦新的产品、新技术（工艺）、新设备形成，进入市场流通领域，更多需要的是拓宽市场渠道，不断满足更大市场的需求，此时政府无论是以科技计划项目支持的方式，还是以政府资金资助的方式，都无法产生明显的效果，也就是出现了政府失灵的现象。

8. 社会资金投入在科技成果转化阶段更具有配置作用

科技成果转化是"知识"变成"财富"的过程，无论是创新主体承担来源于市场的合作项目，还是接受风险投入、银行贷款等资金注入，都可以加快科技成果的扩散，从而增强技术创新能力。科技成果转化的各方，包括企业、科研院所、高校、中介机构甚至国外相关机构，在以市场项目（横向项目）和社会资金注入（风险投资等）的方式中实现了资源互补，相互促进，协同发展，各自发挥着重要的主体作用，在广泛的产学研合作中获得了巨大的经济效益和社会效益。市场机制就是为科技资源配置构建了一个统一、开放、竞争、有序的平台体系，让知识资

本化，让科研成果与商业资本、风险资本紧密结合，在资本运作模式下最大限度地创造高额利润。根据市场需求和动态发展，创新主体能够自觉地配置创新要素，提供更好的技术服务，加强与产业上下游的合作、协同，从而提高自主创新的能力，增强赢得技术创新的竞争力，进而促进经济社会的发展。

8.2 政策建议

1. 充分发挥人才对于技术创新的重要作用

充分发挥创新基地的人才集聚优势。我国已有的创新基地，已经拥有大量优势科技资源，无论是科研设施还是知识积累方面都已经达到了世界较高水平，因此应充分发挥创新基地对于人才的集聚效应，充分利用创新基地已有的平台，广纳贤士，建立科学、系统的人才培养和引进的管理制度及机制，将人才培养和吸引海内外优秀人才作为创新基地发展的重要使命，不断提高科研人员的素质，使之适应新型领域的技术要求，保证建设创新型国家所需要的持续动力。建立激励机制，如通过职位提高、股权激励等方式提高人才的满足感，充分调动他们自我实现的积极性。

政府鼓励科研人员在公共研究机构和私营企业之间流动，促进高等院校和私营企业之间的信息交流和合作。政府应鼓励甚至设立专项资金用于资助研究机构的科研人员在企业工作一段时间，或者企业研究人员到大学从事短期研究，为各类创新主体在合作中寻找合作伙伴，也能为商业机构提供资金和人才支持。建立科技成果转化人才培养体系，统筹推进科技成果转化相关管理人才、高级技术经理人等人才队伍建设，建立与国际技术转移组织联合培育科技成果转化高端人才的制度；探索建立注册高级技术经理人制度；鼓励地方加强对科技成果转化的业务人员进行培训和管理；鼓励地区积极进行培训内容和形式的创新，建立若干辐射区域的国家科技成果转化人才培养基地。

建立健全符合创新基地保障能力建设运行特点的各类专业人才考核、评价体系，重视技术支撑与服务的水平和质量，增加技术支撑与服务的专业岗位，提高技术支撑和服务人员的职称、待遇。统筹人才与基地建设，加强国家各类人才计划对国家创新基地的支持，加强人才引进和培养的力度，造就高水平的、结构合理的科研、技术支撑与管理人才队伍。建立健全创新基地各类人员分类评价、考核、激励政策和人员合理有序流动的机制。设立面向科技平台技术支撑和服务人员的人才支持计划，制定政策吸引和稳定高水平的技术支撑与服务人才。完善相关专业的职业资格制度，加强对技术支撑与服务人才的培养。

2. 探索推进科技计划管理内容和方式的改革

改进科技计划项目对于人才的支持方式。人力的素质和技能是知识经济实现的先决条件，人力资本是决定国家发展的重要战略资源。创新能力和竞争能力越来越表现为对智力资源和智慧成果的培养、使用和调控能力，表现为对知识产权的拥有和运用能力。在科技计划项目的经费预算管理中，不仅仅是支持购买大型仪器设备，进行基础设施建设，应更多地加大对人员绩效的比例，有条件地提高课题主要研究人员的劳务费比例，调动科研人员的主动性和积极性。

更多依托企业承担科技成果转化类项目，促进科技成果转化。充分发挥企业在国家创新体系建设中的主体作用，充分发挥企业在科技成果转化方面天生的优势，通过支持方式的改进，逐步激活企业的创新活力和动力。在科技项目中，以具体产品和服务提供为主要目标的重大科技项目，对其评价的重点不是技术先进性，而是如何将技术成果转化为产品或者应用于具体的产业，实现真正的成果转化。

科技计划改革应更加聚焦国家战略目标，强调基础资源配置。以中央财政投入为主的国家科技计划重点解决科技资源"碎片化"问题，使有限的中央财政民口科研经费更加聚焦国家战略目标，发挥引领带动作用，着力突破制约当前和未来发展的重大科学技术问题。建立目标明确和以绩效为导向的中国特色的科技计划（专项、基金）管理体制，再造管理流程，提高资金的使用效益。逐步形成更加聚焦国家目标、更加符合科技创新规律、更加高效配置资源、更加强化科技与经济结合的科技技能，最大限度地激发科技人员的创新激情。

3. 改进以中央财政资金为主的科技计划经费资助方式

开拓支持科技成果转化的多元投融资渠道。科技成果和资金来源不能简单依靠国家拨款，企业本身、银行贷款和其他形式的资金组合对于科技成果转化也十分必要。本书阐述了在科技成果转化阶段,社会资金投入起到的积极作用。创新主体在开展创新活动时,可积极探索向种子基金、风险资本的转变,逐步建立起以政府投入为引导,社会投入为主的投融资模式。

改进科技计划项目经费资助方式。由科技计划项目立项后以无偿资助方式为主的拨款方式,转变为"先实施,后拨款"的财政经费资助方式。在科技计划项目立项、组织、管理和验收等环节进行创新,鼓励企业进行自主投入、自主研发,加速科技成果转化,充分发挥中央财政资金的"杠杆"作用和引导作用。同时,在此基础上,探索建立普惠性的支持方式,提高合理配置资源的水平和能力,注重资源建设的边际效应,提升财政投入效率。

鼓励公私合作分担风险。在科技项目组织实施的不同阶段,政府、企业等主体需要根据不同的项目特点、阶段特点进行分工合作。例如在进行科技成果转化阶段,科技计划项目在立项之初就可以以商业示范应用为目标,根据不同技术特点,鼓励企业牵头承担产业化类项目,吸纳社会资本共同进行研发活动。在产业共性技术平台、检验检测、信息共享和科技成果转化平台建设等方面,对于提供具有公益性科技资源服务类的项目,政府可以加大投资力度。

4. 优化科技成果转化环境

采取多种有效措施加强产学研合作。科技成果转化模式是企业、高等院校、科研机构紧密合作并取得成效的经验总结,但目前在各类创新基地的科技创新活动中,合作过程中的利益分配制度和机制还不健全和完善,应积极采用财政、税收、金融等政策措施手段,保护创新主体所有权和知识产权;保障创新各方都能有平等机会参与到创新过程中,形成正向竞争和合作的良好态势。

改进科技成果转化的投入方式。政府还应致力于改进支持科技成果转化的投入方式,加大对科技中介机构的支持力度,加强科技成果转化平台建设。科技资源配置和科技成果转化应保证公平性,政府应着力解决科技资源配置和科技成果转化方面的政策扶持和鼓励。

加强知识产权保护,扩大创新权益。商业领域中"游戏规则"容易导致创新成果被窃取、产品非法复制等行为发生，严重损害创新人的利益。知识产权保护力度跟不上，会直接削弱创新人员在科技成果转化活动中的积极性和主动性。政府应充分行使行政权力，制定完善科技成果转化的相关法律法规，建立健全监管机制，通过运转高效的知识产权保护体系、严格有力的标准政策体系，营造良好的科技成果转化环境，切实保障人民的创新权益，激发他们的创新热情。

5. 促进科技资源开放共享和流动

营造科技资源共享的良好文化氛围。大力倡导科技平台共建、共享、共赢的理念，逐步破除科技资源自我封闭、条块分割、信息滞留和垄断等影响科技资源开放共享的思想羁绊；加强对开放共享的先进典型和成功经验的宣传和推广；奖励表彰成绩突出的科技平台、团队、个人以及管理部门，并在资源配置、计划项目等方面予以政策倾斜；利用各种媒体定期组织展览、论坛等活动，宣传展示科技平台工作成效，增进社会各界对科技平台工作的认可与支持，形成全社会积极参与、支持科技平台工作的良好氛围与环境。

加强科技资源共享的政策法规建设。制定科技资源共享立法规划，通过全国人大或常委会制定高位阶、统一综合的科技资源共享法，对科技资源共享做出明确规定，厘清与相关法的关系，规范科技资源共享的全过程。同时，突出重点急需，研究制定全国统一适用的科技资源共享的综合性行政法规及实施细则，逐步形成比较系统的、完善的、专业性和操作性强的科技资源共享法律法规体系。建立健全配套的政策体系，包括：科技资源开放共享的税收优惠政策；大型仪器设备购置评议制度；科技计划形成的科技资源汇交制度；科技资源开放共享考核评估制度；科技资源开放共享补贴制度；技术支撑队伍建设支持政策；全国科技资源调查制度；科技资源和科学数据标准、规范制度；面向中小企业开放共享服务的激励政策等。

注重对科技资源开放共享中的知识产权的保护，促进科技资源之间的开放流动。依托科技报告、数据信息、种质资源、大型仪器、测试服务等方面建立信息公开、信息报告、信息开放互联制度，激励各类科技创新主体主动相互开放共享科技资源，提高科技资源的整体使用效率。科技资源的共享，不能规避《著作权法》《专利法》《反不正当竞争法》等法律建立起来的保护知识产权的制度和规则，在这个前提下，政府应为进行创新活动的企业或个人对科技资源进行的整合、管理和应用提供政策支持，确保特定领域的科技资源商业化开发与共享利用处于一种均衡的竞争状态。

8.3 不足之处

在国家创新体系建设中，创新基地建设已经成为重中之重，如何提高创新基地的技术创新能力已经成为一个新的研究热点。在研究对象的选择上，本书以我国创新基地之一的国家工程中心作为问卷调查和数据统计分析的对象。但在我国创新基地建设过程中，除了国家工程中心，还有很多独具特色、根据不同政策环境和特定政策需求而建立的创新载体，本书因困于对其他创新基地载体信息获取的困难，在研究规模与对象选择上有所限制，因此本书的研究结论能否适用于其他创新基地载体还有待验证。此外，由于本书所构建的影响模型中各要素的测量指标是依据国家工程中心的实际工作，所选取指标的代表性具有一定的局限性，与国内外学者基于企业的研究指标选择上可能有所差别，因此部分研究结论可能与国内外学者的相关研究结论不尽相同。

8.4 研究展望

为进一步扩展研究范围，本书下一步的研究工作着重为研究对象的选择、本书的理论构建与因果关系的检验等，具体将在以下几个方面进行深入开展：

以不同依托单位性质的国家工程中心为实证分析对象进行研究。由于本样本中所选择的国家工程中心依托不同的单位，依托企业、依托科研院所和依托高校的国家工程中心，所倡导的科技资源配置模式存在差异。依托不同依托单位性质组建的各类创新主体，在科技资源配置和技术创新活动中采取的方式和途径差异非常大，本书虽然讲依托单位性质可作为控制变量之一，但并没有按照企业、科研院所和高校进行样本的分类统计和验证，因此，在未来研究中将按照国家工程中心依托单位性质的不同，根据不同类型的数据样本进行对比分析，不断验证上文所提出的结论。

以各技术领域的国家工程中心作为实证分析对象进行研究。在众多创新基地载体中，涵盖了各类技术领域，如在国家工程中心建设中，共涵盖了电子与信息通信、制造业、能源与交通等技术领域。由于我国在不同的技术领域上的发展不均衡，技术领域的不同可能会影响到科技资源与技术创新能力，以及政府和市场对其调节作用的关系。因此，本书将在下一步研究中，选取不同技术领域的国家工程中心作为实证分析对象，进一步探索科技资源与技术创新能力的作用关系，以及政府和市场在其中发挥的重要调节作用。

附录：国家工程技术研究中心调查问卷

一、国家工程中心基本情况

表1 国家工程中心基本情况

中心名称					
上级主管单位			□变更		□未变更
中心依托单位			□变更		□未变更
中心法人资格	□企业法人	□事业法人		□双重法人资格	□无法人
第一依托单位性质					
中心主任姓名		手机		电话	
中心联系人姓名		电话		传真	
中心通讯地址					
E-mail邮箱					
邮政编码		中心服务的国民经济行业代码			

注：1. "中心通讯地址"：请填写本中心详细通讯地址，以便《年报》出版后准确邮寄给各中心。
　　2. "中心法人资格"：指中心目前的法人资质，可多选。
　　3. "中心服务的国民经济行业代码"：按国家标准《国民经济行业分类与代码》（GB/T4754-2002）中的分类代码填写；如服务于多个国民经济行业，按服务的主要行业填写。

二、国家工程中心人员情况

表 2-1　国家工程中心现有人员基本情况　　　　单位：人

		人　数	其中：固定人员
中心人员总数			
工作性质	从事科技活动人员		
	其中：从事 R&D 人员		
	从事生产、经营活动人员		
	从事管理活动人员		
	其他人员		

注：1. 本表所有数据填写年末的数据。
　　2."中心人员总数"：指由中心直接组织安排工作并支付工资的各类人员总数，包括固定人员、客座人员、合同制人员、招聘人员、返聘人员等。
　　3."从事科技活动人员"：指中心从业人员中的课题活动人员和科技服务人员。
　　4."从事 R&D 活动人员"：指从事科学研究与试验发展活动的人员。
　　5."从事生产、经营活动人员"：指从事定型产品的批量生产和对外服务活动的人员。
　　6."从事管理活动人员"：指中心业务、人事管理人员。

表 2-2　国家工程中心现有人员学历、职称与荣誉称号情况　　单位：人

院士	千人计划	杰出青年	学位学历				专业技术职称			
			博士	硕士	本科	其他	高级	中级	初级	其他

注：1. 本表所有数据填写年末的数据。
　　2."现有人员"：包括固定人员、客座人员、合同制人员、招聘人员、返聘人员等。

表 2-3　国家工程中心人员流动情况　　　　单位：人

	流动人数	学位学历		技术职务		工作性质		人员流向			
		硕士以上	本科	高级	中级	科技人员	管理人员	本行业内	外企	民企	其他
本年新增											
本年减少											

注："人员流动"：包括固定人员、客座人员、合同制人员、招聘人员、返聘人员等。

三、国家工程中心投资情况

表 3-1　国家工程中心投资情况　　　　单位：万元

	投资总额	政府投资		社会投资	银行贷款	利用外资	自筹资金	其他
		政府科研项目投资	政府其他拨款					
计划投资								
实际完成投资								

注：1."投资"的统计口径包括科研投入和固定资产投入。
　　2."政府投资"：包括国家、行业、省市的建设和项目投资。
　　3."社会投资"：主要指项目合作投资。

表 3-2　国家工程中心资产情况　　　　单位：万元

年末资产					年末负债总额	年末净资产总额
总额	固定资产	流动资产	对外投资	其他		

注：1.本表所有数据填写年末的数据。
　　2."年末资产总额"：包括固定资产、流动资产、对外投资等（不含无形资产）。
　　3."年末净资产总额"：指中心资产总额减去年末负债总额。

四、国家工程中心科技成果情况

表 4-1　国家工程中心成果技术来源情况　　　　单位：项

成果总数	成果技术来源				
	吸收依托单位成果	吸收外单位成果	中心研发成果	引进国外成果	其他

表 4-2 国家工程中心成果获奖情况   单位：项

	成果获奖总数	国家级奖			省部级奖	地市级奖
		技术发明奖	自然科学奖	科技进步奖		
合　计						
其中：一等奖*						
二等奖						
三等奖						

注：获得国家一等奖的项目请另附 300 字左右简介，包括项目基本情况、主要创新点、重大影响等。

表 4-3 国家工程中心发表论文、著作情况   单位：篇、部

发表论文（篇）	其中国际三大检索			出版著作（部）
	SCI	EI	ISTP	

表 4-4 国家工程中心专利情况   单位：项

申请专利（项）			授予专利（项）		
	其中：发明专利	国防专利		其中：发明专利	国防专利

表 4-5 国家工程中心人才培养情况   单位：人

培养人数	培育研究生	
	硕士	博士

注："培养人数"：包括自培和委培。

五、国家工程中心工程化能力情况

表 5-1　国家工程中心承担项目及完成情况　　　单位：项

	项目					其中：大型成套工程项目
	总数	国家级	省部级	企事业单位委托	自主开发	
承担数						
完成数						

注："大型成套工程项目"：指合同金额超过100万元（含100万元）的成套工程项目。

表 5-2　国家工程中心承担国家级项目情况　　　单位：项

国家级项目数	863计划	科技支撑计划	973计划	星火计划	火炬计划	其他

表 5-3　国家工程中心大型设备情况　　　单位：台/套，万元

新增大型设备（50万元以上）					其中：具有当前国际先进水平的大型设备数	
总额	总数	进口	国产	自制	数量	金额

表 5-4　国家工程中心中试（生产）基地情况　　　单位：条，个

中间试验		新建技术服务网点（个）
新建基地（个）	新建生产线（条）	

六、国家工程中心工程化成果辐射扩散情况

表 6-1　国家工程中心工程化成果转化与推广情况　　　单位：项，个，台/套

技术转移					科技成果扩散			
总数	技术入股	技术转让	技术承包	技术服务	总数	推广新技术（新工艺）	推广新产品	推广新设备

表 6-2　农口国家工程中心示范推广情况

单位：个，万亩，万头/万只，万元

农作物类		畜牧类			农作物深加工转化产值（万元）
示范基地个数（个）	示范面积（万亩）	育种（万头/万只）	繁育基地（个）	出栏规模（万头/万只）	

表 6-3　国家工程中心节能降耗项目示范与推广

领域	示范基地（个）	推广项目（个）	受益企业或农户（个）
农　业			
高新技术			
社会发展			

表 6-4　国家工程中心合作单位情况

单位：家

合作单位性质		合作单位个数	不同合作方式的单位个数			
			共同研究	委托生产加工	咨询服务	其他
国内机构	大专院校					
	科研机构					
	企　业					
国外机构	大专院校					
	科研机构					
	企　业					

表 6-5　国家工程中心之间合作情况　　　　　　单位：家

合作中心个数	合作中心名称	合作方式			
		A.☐	B.☐	C.☐	D.☐
		A.☐	B.☐	C.☐	D.☐
		A.☐	B.☐	C.☐	D.☐

注：1. A 指共同研究，联合承担项目，拓展研究领域。
　　2. B 指产业延伸，开展产研结合、上下游协作，形成技术、产品、产业联动。
　　3. C 指联手经营，在不同区域兴办企业，相互协作开展经营活动。
　　4. D 指其他合作方式，请用文字注明。

七、国家工程中心效益情况

表 7-1　国家工程中心直接经济效益情况　　　　　　单位：万元

总收入					利税	出口创汇（万美元）
	产品收入	技术性收入	承包工程收入	其他收入		

注：1. "产品收入"：指中心通过销售定型、批量产品，中试产品取得的收入。
　　2. "技术性收入"：指由中心技术开发收入、技术转让收入、技术咨询收入及服务收入、学术活动和科普活动收入等组成。
　　3. "利税"：指利润总额。

表 7-2　国家工程中心形成主要社会效益情况　　　　　　单位：万元

领域	项目名称	社会效益	备注
农　　业	1、		
	2、		
	……		
高新技术	1、		
	2、		
	……		
社会发展	1、		
	2、		
	……		
合　　计			

注：此表仅统计有较大社会效益的项目，中心可根据自身情况填写，请务必写明项目名称。

八、国家工程中心开放服务与人才培训情况

表 8-1　国家工程中心开放服务情况

单位：个，台/套，条

开放实（试）验室（个）	开放设备（台/套）	开放生产线（条）

表 8-2　国家工程中心技术培训方式　　单位：期，人

培训班							
	远程培训		现场指导		其他		
总期数	总人数	数量	人数	数量	人数	数量	人数

表 8-3　国家工程中心培训人员情况　　单位：人

培训人数／培训对象	培训人员总数				
	管理人员	技术人员	工人	农民	其他
科研机构					
企业					
农户					
其他					

表 8-4　国家工程中心学术交流情况

单位：次，人，项，万元

学术报告会与专题讲座	国内技术交流会与展销会			国际学术交流	
	次数	成交项目数	成交金额	交流访问次数	合作项目数

九、国家工程中心运行情况

表 9-1 国家工程中心现行体制

企业单位						事业单位		
依托企业组建				转制为企业		实行体改后的事业单位	尚未实行体改的事业单位	依托院校
国营企业	民营企业	合资企业	其他	随依托单位转制	自身转制			
□	□	□	□	□	□	□	□	□
中心是否独立核算		□是		□否		中心是否企业化运行	□是	□否

注:1."依托企业组建":指中心组建时依托单位为企业。
2."转制为企业":指科技体制改革中转制的院所。
3."实行体改后的事业单位":指进行科技体制改革后保留的事业单位。
4."未实行体改的事业单位":指尚未实行科技体制改革的事业单位(待体改)。

表 9-2 国家工程中心现行组织形态

独立型	相对独立型	整建制挂牌型	多依托单位联合组建
□	□	□	□

注:1."独立型":中心以具有独立法人资格的实体进行运作,采取独立核算的管理和经营模式,具有独立的经营权和决策权。
2."相对独立型":指中心不具有独立法人资格,属依托单位内部二级机构。
3."整建制挂牌型":指中心与依托单位属于一个机构两块牌子,两者之间基本融合或完全融合。
4."多依托单位联合组建":指中心依托多个单位联合组建。

表 9-3 国家工程中心主要产出形式

产品类	工程承包类(交钥匙工程)	工艺技术类
□	□	□

注:1."产品类":中心以产品的研制、生产和销售作为实现工程化的主线,产品销售收入是收入的主要部分。
2."工程承包类":指中心以工程承包作为实现工程化的主要途径。
3."工艺技术类":指以技术开发、推广和服务为主,其业务活动的重要内容是承担国家、部门的项目。

参考文献

[1] Abernathy W J, Chakravarthy B S. Government intervention and innovation in industry: a policy framework.[J]. Sloan Management Review, 1979: 3-18.

[2] Adler P S, Kwon S W. Social Capital: Prosects for a New Concept[J]. Academy of Management Review, 2002, 27（1）: 17-40.

[3] Albert Guangzhou H U, Jefferson G H. Returns to research and development in Chinese industry: Evidence from state-owned enterprises in Beijing[J]. China Economic Review, 2004, 15（3）: 86-107.

[4] Alhorani A, Pope P F, Stark A W. Research and Development Activity and Expected Returns in the United Kingdom[J]. European Finance Review, 2003, 7（1）: 27-46.

[5] Amiri E, Keshavarz H, Ohshima N, Komaki S. Resource Allocation in Grid: A Review[J]. Procedia - Social and Behavioral Sciences, 2013, 129: 436-440.

[6] Anderson T R, Daim T U, Lavoie F F. Measuring the efficiency of university technology transfer[J]. Technovation, 2007, 27（285）: 306-318.

[7] Andrew E. Burke, Ted To. Can reduced entry barriers worsen market performance? A model of employee entry[J]. International Journal of Industrial Organization, 2001, 19（00）: 695-704.

[8] Angulo J, Calzada J, Estruch A. Selection of standards for digital television: The battle for Latin America[J]. Telecommunications Policy, 2011, 35（8）: 773-787.

[9] Aragón-Correa J A, Cordón-Pozo E. Leadership and organizational learning's role on innovation and performance: Lessons from Spain[J].

Industrial Marketing Management, 2007, 36（3）: 349-359.

[10] Audretsch D B. Research Issues Relating to Structure, Competition, and Performance of Small Technology-Based Firms[J]. Small Business Economics, 2001, 16（1）: 37-51.

[11] Audretsch D B. The Dynamic Role of Small Firms: Evidence from the U.S.[J]. Small Business Economics, 2002, 18（1/3）: 13-40.

[12] Baird S. The Government at the Standards Bazaar[J]. Stanford Law & Policy Review, 2007, 18.

[13] Barney J, Wright M, Ketchen D J. The resource-based view of the firm: Ten years after 1991[J]. Journal of Management, 2001, 27（6）: 625-641.

[14] Barney J B. Strategic Factor Markets: Expections, Luck, and Business Strategy[J]. Management Science, 1986, 32（10）: 1231-1241.

[15] Becker G. Human capital: a theoretical and empirical analysis, with special reference to education[J]. Social Science Electronic Publishing, 2010（3）: 556.

[16] Beerepoot M, Beerepoot N. Government regulation as an impetus for innovation: Evidence from energy performance regulation in the Dutch residential building sector[J]. Energy Policy, 2007, 35（10）: 4812-4825.

[17] Borrás S, Edquist C. The Choice of Innovation Policy Instruments[J]. Technological Forecasting & Social Change, 2013, 80(8): 1513-1522.

[18] Brenner M S. Practical R&D project prioritization[J]. Research Technology Management, 1994, 37.

[19] Busom I, Fernández-Ribas A. The impact of firm participation in R&D programmes on R&D partnerships[J]. Research Policy, 2008, 37（2）: 240-257.

[20] Carrasco-Hernández A, Jiménez-Jiménez D. Can Family Firms Innovate? Sharing Internal Knowledge From a Social Capital Perspective[J]. Electronic Journal of Knowledge Management, 2013, 21（3）: 161-168.

[21] Cassiman B, Veugelers R. In search of complementarity in innovation

strategy: Internal R&D and external knowledge acquisition[J]. Management Science, 2006, 52: 68-82.

[22] Cavusgil S T, Calantone R. J., Zhao Y. Tacit knowledge transfer and firm innovation capability[J]. Journal of Business & Industrial Marketing, 2003, 18: 6-21.

[23] Chan L K C, Josef L, Theodore S. The Stock Market Valuation of Research and Development Expenditures [J]. Journal of Finance, 2001, 56(6): 2431-2456.

[24] Chang Y C, Chen M H, Hua M, Yang, P. Y. Managing academic innovation in Taiwan: Towards a 'scientific economic' framework[J]. Technological Forecasting & Social Change, 2006, 73(2): 199-213.

[25] Chapple W, Lockett A, Siegel D, Wright M. Assessing the Relative Performance of U.K. University Technology Transfer Offices: Parametric and Non-Parametric Evidence[J]. Rensselaer Working Papers in Economics, 2004, 34(3): 369-384.

[26] Chen C J, Huang J W. Strategic human resource practices and innovation performance—The mediating role of knowledge management capacity[J]. Social Science Electronic Publishing, 2010, 62(1): 104-114.

[27] Chou Y C, Sun C C, Yen H. Y. Evaluating the criteria for human resource for science and technology (HRST) based on an integrated fuzzy AHP and fuzzy DEMATEL approach[J]. Applied Soft Computing, 2012, 12(1): 64-71.

[28] Choudrie J, Papazafeiropoulou A, Lee H. A web of stakeholders and strategies: A case of broadband diffusion in South Korea. Journal of Information Technology, 18, 281-290[J]. Journal of Information Technology, 2003, 18.

[29] Choung J Y, Ji I, Hameed T. International Standardization Strategies of Latecomers: The Cases of Korean TPEG, T-DMB, and Binary CDMA[J]. World Development, 2011, 39(5): 824-838.

[30] Choung J. Y., Hameed T., Ji I. Catch-up in ICT standards: Policy, implementation and standards-setting in South Korea[J].

Technological Forecasting & Social Change, 2012, 79(4): 771-788.

[31] Darroch J. Knowledge management, innovation and firm performance.[J]. Journal of Knowledge Management, 2005, 9: 101-115.

[32] Das G. G. Information age to genetic revolution: Embodied technology transfer and assimilation—A tale of two technologies[J]. Technological Forecasting & Social Change, 2007, 74(6): 819-842.

[33] David P. A., Greenstein S. The Economics Of Compatibility Standards: An Introduction To Recent Research 1[J]. Economics of Innovation & New Technology, 1990, 1(1): 3-41.

[34] David P. A., Steinmueller W. E. Economics of compatibility standards and competition in telecommunication networks[J]. General Information, 1994, 6(3-4): 217-241.

[35] Dayasindhu N. Embeddedness, knowledge transfer, industry clusters and global competitiveness: a case study of the Indian software industry[J]. Technovation, 2002, 22(9): 551-560.

[36] D'Este P., Rentocchini F., Vega-Jurado J. The role of human capital in lowering the barriers to engaging in innovation: : evidence from the spanish innovation survey[J]. Industry & Innovation, 2014, 21(1): 1-19.

[37] Doh S., Kim B. Government support for SME innovations in the regional industries: The case of government financial support program in South Korea[J]. Research Policy, 2014, 43(9): 1557-1569.

[38] Don Harris, Fiona J. Harris. Evaluating the transfer of technology between application domains: a critical evaluation of the human component in the system[J]. Technology in Society, 2004, 26(4): 551-565.

[39] Dong H. S., Vitae A. The assessment of 3rd generation mobile policy in Korea: A web of stakeholder analysis[J]. Technological Forecasting & Social Change, 2008, 75(9): 1406-1415.

[40] Dries F, Bart V L, Koenraad D. Interorganizational Collaboration and

Innovation : Toward a Portfolio Approach[J]. Open Access Publications from Katholieke Universiteit Leuven, 2005, 22（3）: 238-250.

[41] Eberhart A. C., Maxwell W F, Siddique A R. An Examination of Long-Term Abnormal Stock Returns and Operating Performance Following R&D Increases[J]. Journal of Finance, 2004, 59(2): 623, 650.

[42] Eberhart A. C., Maxwell W. F., Siddique A. R. An Examination of Long-Term Abnormal Stock Returns and Operating Performance Following R&D Increases[J]. Journal of Finance, 2004, 59(2): 623, 650.

[43] Edwards T., Delbridge R., Munday M. Understanding Innovation in Small and Medium-Sized Enterprises : A Process Manifest[J]. Technovation, 2005, 25（10）: 1119-1127.

[44] Ehie I. C., Olibe K. The effect of R&D investment on firm value: An examination of US manufacturing and service industries[J]. International Journal of Production Economics, 2010, 128（1）: 127-135.

[45] Eisenhardt K. M., Martin J. A. Dynamic capabilities: what are they?[J]. Strategic Management Journal, 2000, 21（10-11）: 1105-1121.

[46] Floyd S W, Wooldridge B. Knowledge Creation and Social Networks in Corporate Entrepreneurship : The Renewal of Organizational Capability[J]. Entrepreneurship Theory & Practice, 1999, 23（3）: 123-143.

[47] Foltz J., Barham B., Kim K. Universities and Agricultural Biotechnology Patent Production[J]. Agribusiness, 2000, 16（1）: 82-95.

[48] Freemann C. Japan: A new national system of innovation [J]. 1988.

[49] Funk J L, Methe D T. Market- and committee-based mechanisms in the creation and diffusion of global industry standards: the case of mobile communication[J]. Research Policy, 2001, 30(00): 589-610.

[50] Furukawa Y., Furukawa Y. Intellectual property protection and innovation: an inverted-U relationship[J]. Economics Letters, 2010, 109 (2): 99-101.

[51] Gangopadhyay K., Mondal D. Does stronger protection of intellectual property stimulate innovation?[J]. Economics Letters, 2012, 116(1): 80-82.

[52] Gao P. Counter-networks in standardization: a perspective of developing countries[J]. Information Systems Journal, 2007, 17(4): 391, 420.

[53] Georghiou L., Edler J., Uyarra E., Yeow, J. Policy instruments for public procurement of innovation: Choice, design and assessment[J]. Technological Forecasting & Social Change, 2014, 86 (340): 1-12.

[54] Gilsing V, Bekkers R, Freitas I M B, Steen, M. V. D. Differences in technology transfer between science-based and development-based industries: Transfer mechanisms and barriers[J]. Technovation, 2011, 31 (12): 638-647.

[55] González-Pern í a J. L., Kuechle G., Peña-Legazkue I. An Assessment of the Determinants of University Technology Transfer[J]. Economic Development Quarterly, 2013, 27 (1): 6-17.

[56] Greenhalgh C., Rogers M. Trade Marks and Performance in Services and Manufacturing Firms: Evidence of Schumpeterian Competition through Innovation[J]. Australian Economic Review, 2012, 45 (1): 50-76.

[57] Griffith R., Harrison R. The Link Between Product Market Reform and Macro-economic Performance [[J]. Economic Papers, 2004: 1-152.

[58] Griliches Z., Nordhaus W. D., Scherer F. M. Patents: Recent Trends and Puzzles[J]. Nber Working Papers, 1989, 21 (2): 291-330.

[59] Guan J. C., Mok C. K., Yam R. C. M., Chin, K. S., Pun, K. F. Technology transfer and innovation performance: Evidence from Chinese firms[J]. Technological Forecasting & Social Change, 2006, 73 (6): 666-678.

[60] Guellec D. R&D and Productivity Growth: Panel Data Analysis of 16 OECD Countries[J]. Oecd Science Technology & Industry. Working Papers, 2001.

[61] [61Guerrero M., Urbano D., Cunningham J., Organ, D. Entrepreneurial universities in two European regions: a case study comparison[J]. Journal of Technology Transfer, 2014, 39 (3): 415-434.

[62] Hall B. H., Jaffe A., Trajtenberg M. Market Value and Patent Citations[J]. Rand Journal of Economics, 2005, 36 (1): 16-38.

[63] Hall C., Harvie C. A Comparison of the Performance of SMEs in Korea and Taiwan: Policy Implications for Turbulent Times[J]. Korea & the World Economy, 2003, 4: 225-259.

[64] Hansen K. F., Weiss M. A., Kwak S. Allocating R&D Resources: A Quantitative Aid to Management Insight[J]. Research-Technology Management, 1999, volume 42 (4): 44-50.

[65] Heejin Lee, Sangjo O. A standards war waged by a developing country: Understanding international standard setting from the actor-network perspective[J]. Journal of Strategic Information Systems, 2006, 15 (3): 177-195.

[66] Helena Y. R., Erkko A., Sapienza H. J. Social Capital, Knowledge Acquisition, and Knowledge Exploitation in Young Technology-Based Firms[J]. Strategic Management Journal, 2001, 22 (6-7): 587-613.

[67] Hidalgo A., Albors J. Innovation management techniques and tools: A review from theory and practice. R&D Management, 38, 113-127[J]. R & D Management, 2008, 38: 113-127.

[68] Howlett M, Rayner J. Design Principles for Policy Mixes: Cohesion and Coherence in 'New Governance Arrangements'[J]. Policy & Society, 2007, 26 (4): 1-18.

[69] Hsu P. H. Technological innovations and aggregate risk premiums[J]. Journal of Financial Economics, 2009, 94 (2): 264-279.

[70] Hult G. T. M., Hurley R. F., Knight G. A. Innovativeness: Its antecedents and impact on business performance[J]. Industrial

Marketing Management, 2004, 33（5）: 429-438.

[71] Hulten C. R., Bennathan E., Srinivasan S. Infrastructure, Externalities, and Economic Development: A Study of the Indian Manufacturing Industry[J]. World Bank Economic Review, 2006, 20（2）: 291-308.

[72] Jerker D., Fang C., Winter S. G.. The Economics of Strategic Opportunity[J]. Strategic Management Journal, 2003, 24（10）: 977-990.

[73] Jong J. P. J. D., Marsili O. The fruit flies of innovations: A taxonomy of innovative small firms[J]. Research Policy, 2006: 213-229.

[74] Kaasa A. Effects Of Different Dimensions Of Social Capital On Innovation: Evidence From Europe At The Regional Level[J]. University of Tartu - Faculty of Economics and Business Administration Working Paper Series, 2007, 29（3）: 218-233.

[75] Kaiser H. F. A second generation little jiffy[J]. Psychometrika, 1970, 35（4）: 401-415.

[76] Kamps C. The Dynamic Effects of Public Capital: VAR Evidence for 22 OECD Countries[J]. International Tax & Public Finance, 2005, 12（4）: 533-558.

[77] King J. L., Gurbaxani V., Kraemer K. L., Mcfarlan, F. W., Raman, K. S., Yap, C. S. Institutional Factors in Information Technology Innovation.[J]. Information Systems Research, 1994, 5(2): 139-169.

[78] Landry R., Amara N., Ouimet M. Determinants of knowledge transfer: evidence from Canadian university researchers in natural sciences and engineering[J]. Journal of Technology Transfer, 2007, 32（6）: 561-592.

[79] Laslo Z., Goldberg A. I. Resource allocation under uncertainty in a multi-project matrix environment : is organizational conflict inevitable?[J]. International Journal of Project Management, 2008, 26: 773-788.

[80] Latour B. Aramis or the love of technology[J]. acls humanities e-book, 1996.

[81] Lee A. H. I., Wang W. M., Lin T. Y. An evaluation framework for technology transfer of new equipment in high technology industry[J]. Technological Forecasting & Social Change, 2010, 77(1): 135-150.

[82] Lee C. K. H., Choy K. L., Law K. M. Y., Ho, G. T. S. Application of intelligent data management in resource allocation for effective operation of manufacturing systems[J]. Journal of Manufacturing Systems, 2014, 33(3): 412-422.

[83] Lichtenthaler U., Ernst H. Integrated knowledge exploitation: The complementarity of product development and technology licensing[J]. Strategic Management Journal, 2012, volume 33(5): 513-534.

[84] Liu C., Chen C. A Two-dimensional Model for Allocating Resources to R&D Programs by Integrated Subjective and Objective Decision Method[J]. Journal of American Academy of Business, 2004, 5(1/2): 459-473.

[85] Lundvall B. Å. National Innovation Systems—Analytical Concept and Development Tool[J]. Industry & Innovation, 2007, 14(1): 95-119.

[86] Lyles M. A., Salk J. E. Knowledge Acquisition from Foreign Parents in International Joint Ventures: An Empirical Examination in the Hungarian Context[J]. Journal of International Business Studies, 1996, 27(5): 877-903.

[87] Mackinnon D. P., Lockwood C. M., Hoffman J. M., West, S. G., Sheets, V. A comparison of methods to test mediation and other intervening variable effects[J]. Psychological Methods, 2002, 7: 83-104.

[88] Mangematin V., Lemarié S., Boissin J. P. Development of SMEs and heterogeneity of trajectories: the case of biotechnology in France[J]. Research Policy, 2003, 32(4): 621-638.

[89] Markman G. D., Gianiodis P. T., Phan P. H., Balkin, D. B. Innovation speed: Transferring university technology to market[J]. Research Policy, 2005, 34(7): 1058-1075.

[90] Markus M. L., Steinfield C. W., Wigand R. T., Minton, G.

Industry-Wide Information Systems Standardization as Collective Action: The Case of the U.S. Residential Mortgage Industry[J]. Mis Quarterly, 2006, 30（1）: 439-465.

[91] Martin S., Scott J. T. The Nature of Innovation Market Failure and the Design of Public Support for Private Innovation[J]. Cie Discussion Papers, 1999, 29（4-5）: 437-447.

[92] Mei H. C. H., Liu J. S., Lu W. M., Huang, C. C. A new perspective to explore the technology transfer efficiencies in US universities[J]. Journal of Technology Transfer, 2013, 39（2）: 247-275.

[93] Montealegre R. A Temporal Model of Institutional Interventions for Information Technology Adoption in Less-Developed Countries[J]. Journal of Management Information Systems, 1999, 16(1): 207-232.

[94] Mowery D. C., Sampat B. N. The Bayh-Dole Act of 1980 and University-Industry Technology Transfer: A Model for Other OECD Governments?[M]. Springer US, 2005.

[95] Munnell A. H. Why has productivity growth declined? Productivity and public investment[J]. New England Economic Review, 1990（Jan）: 3-22.

[96] Narula R. R&D Collaboration by SMEs: new opportunities and limitations in the face of globalisation[J]. Research Memorandum, 2001, 24（02）: 153-161.

[97] Nelson A. J. Putting University Research in Context: Assessing Alternative Measures of Production and Diffusion at Stanford[J]. Social Science Electronic Publishing, 2011, 41（4）: 678-691.

[98] Nevens T. M., Summe G. L., Uttal B. Commercializing technology: What the best companies do[J]. Harvard Business Review, 1975, 68（6）: 20-24.

[99] O'Shea R., Allen T., Morse K., O'Gorman, C., Roche, F. Delineating the anatomy of an entrepreneurial university: the Massachusetts Institute of Technology experience[J]. R & D Management, 2007, 37（1）: 1-16.

[100] O'Shea R P, Allen T J, Chevalier A, Roche, F. Entrepreneurial

orientation, technology transfer and spinoff performance of U.S. universities[J]. Research Policy, 2005, 34 (7): 994-1009.

[101] Owen-Smith J., Powell W. W. The expanding role of university patenting in the life sciences: assessing the importance of experience and connectivity[J]. Research Policy, 2003, 32 (9): 1695-1711.

[102] Pavitt K. Government policies towards innovation: A review of empirical findings[J]. Omega, 1976, 4 (5): 539-558.

[103] Perry-Smith J. E., Shalley C. E. The Social Side of Creativity: A Static and Dynamic Social Network Perspective[J]. Academy of Management Review, 2003, 28 (1): 89-106.

[104] Potter J., Proto A. Promoting Entrepreneurship in South East Europe: Policies and Tools[J]. Oecd Papers, 2006, 6 (12): 1-135.

[105] Ramaciotti, Laura, Rizzo U. The determinants of academic patenting by Italian universities[J]. Technology Analysis & Strategic Management, 2014, 26 (4): 469-483.

[106] Ratchford J. T., Blanpied W. A. Paths to the future for science and technology in China, India and the United States[J]. Technology in Society, 2008, 30 (3): 211-233.

[107] Rindfleisch A., Moorman C. The Acquisition And Utilization Of Information In New Product Alliances: A Strength-Of-Ties Perspective[J]. Journal of Marketing, 2001, 65 (2): 1-18.

[108] Rogers M. Networks, Firm Size and Innovation[J]. Small Business Economics, 2004, 22 (2): 141-153.

[109] Romain A, Pottelsberghe B V. The determinants of venture capital: A Panel Data Analysis of 16 OECD Countries[J]. Iir Working Paper, 2004.

[110] Rothaermel F. T., Thursby M. Incubator firm failure or graduation?: The role of university linkages[J]. General Information, 2005, 34 (7): 1076-1090.

[111] Salmenkaita J., Salo A. Rationales for Government Intervention in the Commercialization of New Technologies[J]. Technology Analysis & Strategic Management, 2010, 14 (2): 183-200.

[112] Sanchez-Famoso V., Maseda A., Iturralde T. The role of internal social capital in organisational innovation. An empirical study of family firms[J]. European Management Journal, 2014, 32（6）: 950-962.

[113] Sandulli F. D. Jobs mismatch and productivity impact of information technology[J]. Service Industries Journal, 2014, 34(13): 1060-1074.

[114] Schmidt R. L. A Stochastic Optimization Model to Improve Production Planning and R&D Resource Allocation in Biopharmaceutical Production Processes[J]. Management Science, 1996, 42（4）: 603-617.

[115] Schwab K. The Global Competitiveness Report 2011 2012[J]. Palgrave Macmillan Houndmills, 2012, volume 15（1）: 16.

[116] Sharma C., Sehgal S. Impact of infrastructure on output, productivity and efficiency: Evidence from the Indian manufacturing industry[J]. Indian Growth & Development Review, 2010, 3: 100-121.

[117] Sidney G. Understanding dynamic capabilities[J]. Strategic Management Journal, 2003, 24（10）: 991-995.

[118] Siegel D. S., Waldman D. A., Atwater L. E., Link, A. N. Commercial knowledge transfers from universities to firms: improving the effectiveness of university-industry collaboration[J]. Journal of High Technology Management Research, 2003, 14（1）: 111-133.

[119] Steffensen M., Rogers E. M., Speakman K. Spin-offs from research centers at a research university[J]. Journal of Business Venturing, 2000, 15（1）: 93-111.

[120] Stephan A. Assessing the contribution of public capital to private production: Evidence from the German manufacturing sector[J]. International Review of Applied Economics, 2003, 17(4): 399-417.

[121] SubbaNarasimha, N. P. Strategy in turbulent environments: the role of dynamic competence[J]. Managerial & Decision Economics, 2001, 22（4-5）: 201-212.

[122] Subramaniam M., Youndt M. A. The Influence of Intellectual Capital on the Types of Innovative Capbilities[J]. Academy of Management

Journal, 2005, 48（3）: 450-463.

[123] Sung T. K. Technology transfer in the IT industry: A Korean perspective[J]. Technological Forecasting & Social Change, 2009, 76（5）: 700-708.

[124] Swamidass P. M. University Startups as a Commercialization Alternative: Lessons from Three Contrasting Case Studies[J]. Journal of Technology Transfer, 2013, 38（6）: 788-808.

[125] Tan Z., Gurd J. R. Market-based grid resource allocation using a stable continuous double auction: Grid Computing, IEEE/ACM International Workshop on, 2007[C].

[126] Tang M. C., Chyi Y. L. Legal Environments, Venture Capital, and Total Factor Productivity Growth of Taiwanese Industry[J]. Contemporary Economic Policy, 2008, 26（3）: 468-481.

[127] Teece D. J., Pisano G., Shuen A. Dynamic capabilities and strategic management[J]. Strategic Management Journal, 1997, 18（7）: 509-533.

[128] Thursby J., Thursby M. University-industry linkages in nanotechnology and biotechnology: evidence on collaborative patterns for new methods of inventing[J]. Journal of Technology Transfer, 2011, 36（6）: 605-623.

[129] Thursby J. G., Kemp S. Growth and productive efficiency of university intellectual property licensing[J]. Research Policy, 2002, 31（1）: 109-124.

[130] Tsai W. Knowledge transfer in intraorganizational networks: Effects of network position and absorptive capacity on business unit innovation and performance[J]. Academy of Management Journal, 2001, 44（5）: 996-1004.

[131] Tsai W., Ghoshal S. Social Capital and Value Creation: The Role of Intrafirm Networks[J]. Academy of Management Journal, 1998, 41（4）: 464-476.

[132] Tsou H., Hsu S. H. Performance effects of technology organization environment openness, service co-production, and digital-resource

readiness: The case of the IT industry[J]. International Journal of Information Management, 2015, 35(1): 1-14.

[133] Vaona A., Pianta M. Firm Size and Innovation in European Manufacturing[J]. Small Business Economics, 2008, 30(3): 283-299.

[134] Veganzones-Varoudakis M. A., Mitra A., Sharma C. Total Factor Productivity and Technical Efficiency of Indian Manufacturing: The Role of Infrastructure and Information & Communication Technology[J]. General Information, 2011. Working paper.

[135] Wang J., Kim S. Time to get in: The contrasting stories about government interventions in information technology standards (the case of CDMA and IMT-2000 in Korea)[J]. Government Information Quarterly, 2007, 24(1): 115-134.

[136] Wernerfelt B. A resource-based view of the firm[J]. Social Science Electronic Publishing, 1984, 5(2): 171-180.

[137] Williamson O. E. Markets and Hierarchies: Analysis and Antitrust Implications: A Study in the Economics of Internal Organization[J]. Social Science Electronic Publishing, 1975.

[138] Wu J. Technological collaboration in product innovation: The role of market competition and sectoral technological intensity[J]. Research Policy, 2012, 41(2): 489-496.

[139] Xu Z., Parry M. E., Song M. The Impact Of Technology Transfer Office Characteristics On University Invention Disclosure[J]. Engineering Management IEEE Transactions on, 2011, 58(2): 212-227.

[140] Zollo M., Winter S. G. Deliberate Learning and the Evolution of Dynamic Capabilities[J]. Organization Science, 2002, 13(3): 339-351.

[141] Zollo M, Winter S. G. From Organizational Routines to Dynamic Capabilities[J]. working paper, 1999.

[142] 巴尼. 资源基础理论[M]. 上海: 格致出版社, 2011.

[143] 曹红军, 赵剑波, 王以华. 动态能力的维度: 基于中国企业的实证研究[J]. 科学学研究, 2009, 1: 36-44.

[144] 陈广汉，蓝宝江. 研发支出、竞争程度与我国区域创新能力研究——基于 1998—2004 年国内专利申请数量与 R&D 数据的实证分析[J]. 经济学家，2007，3：101-106.

[145] 陈强. 高级计量经济学及 Stata 应用[M]. 北京：高等教育出版社，2010.

[146] 陈钰芬，周昇，黄梦娴. 政府科技资助对引导企业 R&D 投入的杠杆效应分析——基于浙江省规模以上工业企业 R&D 投入面板数据的实证分析[J]. 科技进步与对策，2012，1（1）：21-26.

[147] 成元君，赵玉川，王仲君. 国有大中型企业自主技术创新的障碍性因素——基于价值链的分析[J]. 社会科学战线，2007，4：88-95.

[148] 程华，赵祥. 政府科技资助的溢出效应研究——基于我国大中型工业企业的实证研究[J]. 科学学研究，2009，6（6）：862-868.

[149] 崔栋. 我国区域科技资源配置评价及优化研究[D]. 哈尔滨：哈尔滨工程大学，2007.

[150] 丁厚德. 科技资源配置的新问题和对策分析[J]. 科学学研究，2005，4（4）：474-480.

[151] 董俊武，黄江圳，陈震红. 基于知识的动态能力演化模型研究[J]. 中国工业经济，2004，2：77-85.

[152] 董明涛，孙研，王斌. 科技资源及其分类体系研究[J]. 合作经济与科技，2014，19：28-30.

[153] 杜浩. 我国政府投资对民间投资的挤出效应问题研究[D]. 重庆：西南大学，2013.

[154] 范柏乃，余钧. 资源投入、区域环境对高校技术转移的影响——基于 1994—2009 年我国省级面板数据的分析[J]. 科学学研究，2013，31（11）：1656-1662.

[155] 冯伟，王修来，马宁玲，等. 基于多层次灰色理论的科技资源整合效果评价模型[J]. 技术经济，2009，5（5）：16-20.

[156] 冯永田. 区域科技资源配置与使用的研究[D]. 武汉：武汉理工大学，2005.

[157] 龚关. 基于专利信息的产业技术创新能力评价研究[D]. 上海：华东师范大学，2012.

[158] 郭强，夏向阳，赵莉. 高校科技成果转化影响因素及对策研究[J].

科技进步与对策，2012，6（6）：151-153.

[159] 何庆丰，陈武，王学军. 直接人力资本投入、R&D 投入与创新绩效的关系——基于我国科技活动面板数据的实证研究[J]. 技术经济，2009，28（4）：1-9.

[160] 贺小刚，李新春，方海鹰. 动态能力的测量与功效：基于中国经验的实证研究[J]. 管理世界，2006，3（3）：94-103.

[161] 黄海霞，张治河. 基于 DEA 模型的我国战略性新兴产业科技资源配置效率研究[J]. 中国软科学，2015，1：150-159.

[162] 黄伟. 我国科技成果转化绩效评价、影响因素分析及对策研究[D]. 长春：吉林大学，2013.

[163] 焦豪，崔瑜. 企业动态能力理论整合研究框架与重新定位[J]. 清华大学学报：哲学社会科学版，2008，S2.

[164] 解维敏，唐清泉，陆姗姗. 政府 R&D 资助，企业 R&D 支出与自主创新——来自中国上市公司的经验证据[J]. 金融研究，2009，6：86-99.

[165] 孔德洋. 我国科技资源共享问题探讨[J]. 中国科技资源导刊，2009，40（6）：51-56.

[166] 黎峰. 中国自主创新能力影响因素的实证分析：1990—2004[J]. 世界经济与政治论坛，2006，5：32-37.

[167] 李晨. 高技术产业研发投入对技术创新绩效的影响研究[D]. 杭州：浙江大学，2009.

[168] 李海超，张赟，陈雪静. 我国高科技产业原始创新能力评价研究[J]. 科技进步与对策，2015，7：118-121.

[169] 李玲娟，霍国庆，曾明彬. 科技成果转化过程分析[J]. 湖南大学学报：社会科学版，2014，4：117-121.

[170] 李平，宫旭红，齐丹丹. 中国最优知识产权保护区间研究——基于自主研发及国际技术引进的视角[J]. 南开经济研究，2013，3.

[171] 李蕊，巩师恩. 开放条件下知识产权保护与我国技术创新——基于1997—2010 年省级面板数据的实证研究[J]. 研究与发展管理，2014，25（3）.

[172] 李文波. 我国大学和国立科研机构技术转移影响因素分析[J]. 科学学与科学技术管理，2003，6（6）：48-51.

[173] 李习保. 中国区域创新能力变迁的实证分析：基于创新系统的观点[J]. 管理世界, 2007, 12: 18-30.

[174] 李兴旺. 动态能力理论的操作化研究[M]. 北京：经济科学出版社, 2006.

[175] 李瑶. 政府和市场在科技资源配置中的协同机制分析[J]. 中国市场, 2014, 26: 50-51.

[176] 刘会. 科技成果转化的内涵边界与统计测度[J]. 中国科技纵横, 2015.

[177] 刘家树, 菅利荣. 科技成果转化效率测度与影响因素分析[J]. 科技进步与对策, 2010, 20（20）：113-116.

[178] 刘剑. 科技资源优化配置提高集合创新力研究[J]. 科学管理研究, 2014, 4：12-15.

[179] 刘希宋, 李玥, 王辉坡. 科技成果转化知识对接的机理研究[J]. 情报理论与实践, 2009, 32（1）：44-47.

[180] 刘小元, 林嵩. 地方政府行为对创业企业技术创新的影响——基于技术创新资源配置与创新产出的双重视角[J]. 研究与发展管理, 2013, 5（5）.

[181] 刘彦, 程广宇, 段小华. 我国创新基地的发展与需求分析——国家重点实验室和工程中心的调查研究[J]. 中国科技论坛, 2011, 4：5-10.

[182] 柳卸林. 中外技术转移模式的比较[M]. 北京：科学出版社, 2012.

[183] 龙勇, 杨晓燕. 风险投资对技术创新能力的作用研究[J]. 科技进步与对策, 2009, 23（23）：16-20.

[184] 罗珊. 区域科技资源优化配置研究[D]. 长沙：中南大学, 2008.

[185] 马建峰. R&D财力和人力资源投入对我国经济增长的影响研究——基于1987年~2010年数据的实证分析[J]. 经济经纬, 2014, 31（2）：114-119.

[186] 牛冲槐, 原锟霞, 李秋霞. 科技资源配置与科技型人才聚集效应模型研究[J]. 科技进步与对策, 2010, 15（15）：111-114.

[187] 彭洁. 科技资源管理基础[M]. 北京：科学技术文献出版社, 2014.

[188] 尚海永. 科技资源对唐山科学发展示范区建设的支撑研究[J]. 科技传播, 2010, Z1.

[189] 石善冲. 科技成果转化评价指标体系研究[J]. 科学学与科学技术管理，2003，6（6）：31-33.

[190] 孙绪华. 我国科技资源配置的实证分析与效率评价[D]. 武汉：华中农业大学，2011.

[191] 孙杨，许承明，夏锐. 研发资金投入渠道的差异对科技创新的影响分析——基于偏最小二乘法的实证研究[J]. 金融研究，2009，9：165-174.

[192] 唐五湘，程桂枝，周飞跃. 新时期加速我国科技成果转化的战略研究：2005全国科技成果管理与转化学术研讨会，2005[C].

[193] 唐泳，赵光洲. 科技资源市场化配置中的风险分析[J]. 科技进步与对策，2011，28：129-132.

[194] 汪涛，李石柱. 国际化背景下政府主导科技资源配置的主要方式分析[J]. 中国科技论坛，2002，04：9-14.

[195] 王雷，党兴华. R&D经费支出、风险投资与高新技术产业发展——基于典型相关分析的中国数据实证研究[J]. 研究与发展管理，2008，4（4）：13-19.

[196] 王天骄. 中国科技体制改革、科技资源配置与创新效率[J]. 经济问题，2014.

[197] 王文亮，冯军政，王丹丹. 企业持续创新影响因素的因子分析[J]. 技术经济，2008，7（7）：24-28.

[198] 王孝斌，陈武，王学军. 区域智力资本与区域经济发展[J]. 数量经济技术经济研究，2009，3：16-31.

[199] 王鑫鑫. 科技资源配置与流动的研究述评与趋势展望[J]. 特区经济，2015，10：61-63.

[200] 王雪原. 基于科技计划的区域科技创新资源配置系统优化研究[D]. 哈尔滨：哈尔滨理工大学，2008.

[201] 温忠麟，张雷，侯杰泰. 有中介的调节变量和有调节的中介变量[J]. 心理学报，2006，3（3）：448-452.

[202] 温忠麟，侯杰泰，张雷. 调节效应与中介效应的比较和应用[J]. 心理学报，2005，37（2）：268-474.

[203] 向蔼旭. 我国风险投资对于技术创新作用的实证研究[D]. 合肥：中国科学技术大学，2011.

[204] 熊波，陈柳. 论风险投资与高新技术企业公司治理结构[J]. 当代财经，2006，4：65-69.

[205] 徐国兴. 论科技成果转化的公共产品特性[J]. 湖北社会科学，2010，7：72-75.

[206] 徐国兴，贾中华. 科技成果转化和技术转移的比较及其政策含义[J]. 中国发展，2010，3：45-49.

[207] 徐泽水. 层次分析新标度法[J]. 系统工程理论与实践，1998，10（10）：74-77.

[208] 许治，师萍. 基于 DEA 方法的我国科技投入相对效率评价[J]. 科学学研究，2005，4（4）：481-484.

[209] 杨传喜，徐顽强，孔令孜等. 农业科学院科技资源配置效率研究——基于 30 个省级农业科学院的面板数据分析[J]. 南方农业学报，2015，1（1）：170-174.

[210] 杨善林，郑丽，冯南平等. 技术转移与科技成果转化的认识及比较[J]. 中国科技论坛，2013，12（12）：116-122.

[211] 杨子江. 科技资源内涵与外延探讨[J]. 辽宁科技参考，2007，2（2）：213-216.

[212] 姚王信，孙婷婷，叶慧芬. 面向"十三五"的产学研结合科技创新资源配置效果评价[J]. 科技进步与对策，2015，1：123-127.

[213] 叶玉江. 加强科技平台工作推进科技资源管理[J]. 中国科技资源导刊，2015.

[214] 余泳泽，周茂华. 制度环境、政府支持与高技术产业研发效率差异分析[J]. 财经论丛，2010，5：1-5.

[215] 张建辉，郝艳芳. 技术创新、技术创新扩散、技术扩散和技术转移的关系分析[J]. 山西高等学校社会科学学报，2010，6（6）：20-22.

[216] 张凯. 我国创业风险投资对高新技术企业技术创新的影响研究[J]. 中国科技论坛，2009，12（12）：17-21.

[217] 张礼国，郭蓉，姚王信. 2000 年以来中国政府投入对企业创新的引致效应[J]. 中国科技论坛，2015，3（3）：30-35.

[218] 张叶峰，王文寅. 我国 R&D 投入与经济增长间关系的实证分析[J]. 技术经济，2011，7（7）：55-58.

[219] 郑刚,颜宏亮,王斌. 企业动态能力的构成维度及特征研究[J]. 科技进步与对策,2007,3(3):90-93.

[220] 郑绪涛. 中国自主创新能力影响因素的实证分析[J]. 工业技术经济,2009,5(5):73-77.

[221] 周寄中. 科技资源论[M]. 西安:陕西人民教育出版社,1999.

[222] 周伟,韩家勤. 区域科技资源配置的影响因素分析——基于结构方程模型的实证研究[J]. 情报杂志,2012,1(1):185-189.

[223] 周侠. 风险投资与国内高科技产业技术创新关系的实证研究[D]. 广州:暨南大学,2009.

[224] 周亚庆,许为民. 我国科技成果转化的障碍与对策:基于环境的研究[J]. 中国软科学,2000,7(7):59-62.

[225] 朱平芳,徐伟民. 政府的科技激励政策对大中型工业企业R&D投入及其专利产出的影响——上海市的实证研究[J]. 经济研究,2003,6:45-53.

[226] 朱平芳,徐伟民. 上海市大中型工业行业专利产出滞后机制研究[J]. 数量经济技术经济研究,2005,9:136-142.

[227] 朱云欢. 我国研发投入与经济增长的动态分析[J]. 科学管理研究,2010,2:102-106.

[228] 祝志明,杨乃定,高婧. 动态能力理论:源起、评述与研究展望[J]. 科学学与科学技术管理,2008,29(9):128-135.

后　记

多年以来,在繁忙的工作之余,已与恬静而又充实的校园生活渐行渐远。年华易逝,初心不改,今天我的博士论文终于付梓,我也即将告别这一段难忘的读博经历。在此谨向所有曾将并将一直关心、支持和帮助我的老师、同学、家人、朋友们致以诚挚谢意!

首先,我要衷心感谢我的导师陈春阳教授。陈春阳教授不仅是我国轨道交通领域著名的技术专家,更是科技界知名的管理和战略咨询专家,在国家工程中心的建设和运行工作中做出了杰出的贡献。在陈教授的悉心指导和教诲下,我深知作为一名科技工作者更应始终秉持严谨的求学态度和踏实的科研作风,也是受陈教授的影响,在论文撰写的过程中我秉持了独立思考问题的作法,锻炼了自己综合分析与解决问题的能力。

衷心感谢黄登仕教授和陈光教授多年来的不倦教诲和悉心指导。特别是在本书的构思和写作过程中,他们给我提出了许多精辟的意见和宝贵的建议,每一次指导交流都让我茅塞顿开,获益匪浅!感谢博士班班长闵连星和博士班的同学以及我的好友常靖,感谢你们一直事无巨细的替我分担各种困难。感谢表弟何亮、好妹妹陆红娟,在资料收集和论文校对中,你们付出了很多辛苦,感谢你们一如既往地支持和认真细致的工作。

最后,谨以此文献给我挚爱的双亲、先生、儿子和孪生妹妹。感谢二姨,在亲属的鼓励下我的博士梦想才得以实现,感谢您毫无怨言地帮我照料年幼的十八。感谢我的先生一直以来的理解和支持，使我在无助的时候，仍然能够心存希望和梦想。最后，我要把我深深的爱和感谢送给我可爱的儿子，多少夜以继日的寒窗苦读，因为有了你纯真的笑容、稚嫩的呼喊和温暖的拥抱，才让我总是充满了奋斗的勇气！今天我终于完成了我的博士论文，我想把它作为一份礼物送给你，作为我们共同经历和成长的回忆，和未来让你为之骄傲，勇敢面对未知的见证！